普通高等教育"十一五"国家级规划教材配套辅导书

《模拟电子技术》学习指导与题解

（修订版）

主　编　江晓安　付少峰

副主编　杨振江

西安电子科技大学出版社

内 容 简 介

　　本书是西安电子科技大学出版社出版的高等学校教材《模拟电子技术(第四版)》(江晓安编著,西安电子科技大学出版社出版)一书的配套学习指导书,读者也可单独使用本书。书中总结了每章的重点内容,即读者必须掌握的内容,并列举了大量的例题,详细讲述了解题的思路和方法,使读者可举一反三,逐步提高分析问题及解决问题的能力。本书还给出了教材中的全部习题的解答。书末附有三套实考试题。

　　本书简明实用,适合高等学校有关专业本科生和专科生使用,也可供自学考试等学生使用,还可供其他人员学习模拟电子技术时参考。

图书在版编目(CIP)数据

　　《模拟电子技术》学习指导与题解 / 江晓安,付少峰主编. —修订本.
—西安:西安电子科技大学出版社,2018.11(2022.12 重印)
　　ISBN　978-7-5606-5146-0

　　Ⅰ. ①模…　　Ⅱ. ①江…　　②付…　　Ⅲ. ①模拟电路—电子技术—教学参考资料
Ⅳ. ①TN710.4

　　中国版本图书馆 CIP 数据核字(2018)第 251946 号

策　　划	李惠萍　　毛红兵
责任编辑	李惠萍
出版发行	西安电子科技大学出版社(西安市太白南路 2 号)
电　　话	(029)88202421　88201467　　　邮　　编　710071
网　　址	www. xduph. com　　　　　电子邮箱　xdupfxb001@163.com
经　　销	新华书店
印　　刷	陕西天意印务有限责任公司
版　　次	2018 年 11 月修订版　　2022 年 12 月第 11 次印刷
开　　本	787 毫米×1092 毫米　1/16　印张 11
字　　数	259 千字
印　　数	49 001～51 000 册
定　　价	28.00 元

　　ISBN 978-7-5606-5146-0/TN

　　XDUP　5448002-11

　　＊＊＊如有印装问题可调换＊＊＊

前　言

　　本书是与西安电子科技大学出版社出版的江晓安主编的教材《模拟电子技术(第四版)》配套的学习指导教材。由于第四版教材中的习题部分较前面版本没有变动，所以本书中的题解也未做改变。此次再版只对原书不妥之处进行了修订，并在书后又给出了两套实考试题。

　　参与本书修订的有江晓安教授和付少峰、杨振江副教授。

　　欢迎使用本书的同仁和学生们提出宝贵意见。

编　者

2018 年 10 月

第一版前言

"模拟电子技术"课程是电子信息类各专业重要的专业基础课程。由于该课程与其它相关课程相比较，有许多新的概念和新的分析问题的方法，初学者一时难以接受和消化，故学生普遍反映该课程难学。为帮助读者解难，我们特编写本指导书，其目的在于使读者在本指导书的帮助下，能更好地理解课程内容，掌握分析问题的方法，能独立地完成作业，比较顺利地通过模拟电子技术课程的考试。

本指导书为西安电子科技大学出版社出版的江晓安主编的《模拟电子技术(第二版)》一书的配套辅导教材。考虑到其他读者的需求，本指导书还吸收了其他教材的一些典型题，以例题形式出现并进行分析。读者可与教材配套使用本书，也可单独使用本书。

本指导书在内容编排上力求突出基本概念、基本原理和基本分析方法，引导读者抓住重点、突破难点、掌握解题方法，并注意培养学生分析问题和解决问题的能力。书中每章均先列出该章的基本要求和基本内容；然后是本章小结；接着是典型题举例，通过大量例题详细讲述分析问题和解决问题的思路与方法；最后对配套教材中每章的思考题和习题给出详尽的参考解法和答案。

读者学习"模拟电子技术"课程时，必须以教材为主，学习指导书代替不了教材。只有在认真阅读教材的基础上阅读学习指导书，才会取得好的效果。本书给出了配套教材中的思考题和习题的解答，给读者学习带来一定的帮助，但是阅读题解也代替不了读者自己解题，读者只有通过自己解题，举一反三，才会有深刻的体会和理解，真正掌握解题的思路和方法，达到学习的目的。

参加本书编写工作的有江晓安(第一、二、三、七、八、九、十章)和董秀峰(第四、五、六章)两位同志。本书由江晓安担任主编，负责全书的统稿。在编写过程中得到省考试管理中心王浩和王巨勇同志及西安电子科技大学出版社李惠萍编辑的大力支持和帮助，在此一并致谢。

由于水平有限，加之时间仓促，书中难免有疏漏和不妥之处，敬请读者批评指正。

编　者

2002 年 3 月

目　录

第一章　半 导 体 器 件

"模拟电子技术"课程的核心任务是讲解如何不失真地放大信号。半导体器件就是具有放大信号功能的器件，是组成放大电路的核心器件。我们学习半导体器件的目的是为了正确使用和选择器件，而不是去设计制造半导体器件。因此，我们应着重于了解和掌握管子的外特性，即管子的电流和各极电压的关系以及管子的主要参数。

本章的主要学习要点如下：

(1) 半导体的导电特性；

(2) PN 结的工作原理和主要特性；

(3) 三极管的工作原理和主要特性。

1.1　本 章 小 结

1.1.1　半导体导电性能

1. 本征半导体

本征半导体是纯净的半导体晶体。常用的半导体材料锗和硅均是四价元素，当它们组成晶体时，每个原子与周围四个原子组成共价键。

在绝对温度 0 K（−273℃）时，本征半导体中的电子受原子核的束缚，故该半导体不存在能导电的粒子，从而呈现绝缘体的性能。温度增加，电子获能，有少数电子获能较多，可以摆脱原子核的束缚，形成带负电的自由电子和带正电的空穴，它们在电场作用下均作定向运动，所以把自由电子和空穴统称为载流子，载流子在电场作用下的定向运动称为漂移运动，形成的电流称为漂移电流。由于浓度差，产生扩散运动，形成的电流称为扩散电流。显然，本征半导体中自由电子数 n_i 等于空穴数 p_i，即

$$n_i = p_i$$

产生自由电子和空穴对的同时，部分电子也失去能量返回到共价键处，使自由电子和空穴对消失，我们称此过程为载流子的复合。在一定的温度下，载流子处于动态平衡状态，即每一时刻产生的载流子数和复合的载流子数相等，载流子数稳定在某一常数值。温度增加，载流子数上升，其导电能力也上升。

需要指出的是，空穴导电是束缚电子接力运动的结果，其导电能力低于自由电子。

2. 杂质半导体

在本征半导体中可人为地、有控制地掺入少量的特定杂质，这种掺杂半导体称为杂质

半导体。

在本征半导体中掺入少量的五价元素(又称为施主杂质),形成 N 型半导体。在室温下杂质基本电离,形成自由电子和不参与导电的正离子。与此同时,也有硅原子中的电子摆脱原子核的束缚,形成自由电子和空穴。所以,N 型半导体中自由电子是多数载流子,空穴称为少数载流子,即 $n_n \gg p_n$。

同理,在本征半导体中掺入三价元素(又称为受主杂质),形成 P 型半导体。P 型半导体中多数载流子是空穴,少数载流子是自由电子,即 $n_p \ll p_p$。

> 本节要求了解以下概念:本征半导体;杂质半导体;N 型半导体;P 型半导体;多数载流子和少数载流子;载流子的产生与复合。

1.1.2 PN 结

1. 异型半导体接触现象

P 型和 N 型半导体相接触,其交界面两侧由于载流子的浓度差,将产生扩散运动,形成扩散电流。由于载流子均是带电粒子,因而扩散的同时,将分别留下带正、负电荷的杂质离子,形成空间电荷和自建场。在该电场作用下,载流子作漂移运动,其方向与扩散方向相反,阻止扩散,平衡时扩散运动与漂移运动相等,通过界面的电流为 0。这样在交界面处形成了缺少载流子的空间电荷区,此区呈现高阻态,称之为阻挡层(又称为耗尽层)。

2. PN 结的单向导电特性

在 PN 结两端加正向电压,该电压削弱自建场的作用,故扩散大于漂移,将由多数载流子的扩散运动产生正向电流,且外加电压增大,正向电流也增大,其关系为指数关系。同时阻挡层变薄。

加反向电压时,该电压与自建场方向一致,增强了电场作用,故漂移大于扩散,阻挡层变厚。此时,少数载流子在电场作用下作漂移运动,产生反向电流,由于是少数载流子运动形成电流,故反向电流很小(硅管在 10^{-9} A 数量级,锗管在 10^{-6} A 数量级),且当反向电压 $|U_D| > U_T$ 时,其值基本不变,故将反向电流称为反向饱和电流。

由上可看出,加正向电压时,PN 结处于导通状态,其正向电流随正向电压增大而增大;加反向电压时,其反向电流是一个很小的值,PN 结处于截止状态,其反向电流基本不随外加电压变化,这就是 PN 结的单向导电性。

PN 结的电流、电压关系为

$$I_D = I_S(e^{\frac{U_D}{U_T}} - 1)$$

3. PN 结的击穿特性

当反向电压超过某一值后,反向电流急剧增加,这种现象称为反向击穿。

击穿分为雪崩击穿和齐纳击穿。击穿时管子不一定损坏,只要电路中加有一定的串联电阻,其电流不要太大,使 $U_D \cdot I$ 小于最大功率损耗,管子就不会因过热而烧坏,当反向电压数值降低时,PN 结的单向导电特性可以恢复正常。

4. PN 结的电容效应

PN 结的两端电压变化时,引起 PN 结内电荷变化,此即为 PN 结的电容效应。

PN 结的电容有两种：势垒电容和扩散电容。

PN 结电压变化，阻挡层厚度也发生变化，从而引起阻挡层内电荷变化。此种电容称为势垒电容 C_T。

PN 结正向运用时，多数载流子在扩散过程中引起电荷积累，正向电压变化，其积累的电荷也变化，此种电容称为扩散电容 C_D。

PN 结的结电容用 C_j 表示。一般情况下，PN 结加正向电压时，$C_j \approx C_D$；加反向电压时 $C_j \approx C_T$。PN 结电容均随外加电压变化而变化。

5. 半导体二极管及其参数

二极管实际就是一个 PN 结。PN 结加上引线和管壳即为二极管。

二极管具有 PN 结的全部特性：单向导电特性、击穿特性和电容效应。

二极管正向运用存在门限电压 U_{on}，当正向电压大于此值时，二极管电流明显增大，小于 U_{on} 时电流很小。常用 U_{on} 作为二极管导通或截止的界限。

二极管的主要参数有：最大整流电流 I_F，最大反向工作电压 U_R，反向电流 I_R，直流电阻 R_D，交流电阻 r_d，最高工作频率 f_M。

6. 稳压二极管及其主要参数

稳压二极管是利用 PN 结的反向击穿特性。当管子击穿时，反向电流在较大范围内变化，其管子两端电压基本不变，达到稳压的目的。

稳压管的主要参数有：稳定电压 U_Z、稳定电流 I_Z，电压温度系数 α_U，动态电阻 r_Z，额定功率损耗 P_Z，最大稳定电流 I_{Zmax}。

7. 二极管的应用

二极管的应用基础，就是其单向导电特性，所以分析二极管应用电路时，关键是判断二极管的导通与截止状态。

本节的主要要求是掌握 PN 结的单向导电特性，掌握二极管和稳压二极管的主要参数。对以下概念应搞清楚：漂移运动与扩散运动；漂移电流与扩散电流；直流电阻和交流电阻；阻挡层与外加电压的关系。

1.1.3 半导体三极管

三极管是组成各种电子线路的核心器件。

1. 三极管的结构及类型

三极管有两个互相影响的 PN 结：发射结和集电结；三个区域（引出线为对应的极）：发射区（引出发射极）、基区（引出基极）和集电区（引出集电极）。

三极管分为 NPN 和 PNP 两大类，它们的区别是：形成电流的载流子不同，外加电压极性相反，各极电流方向相反。

2. 三极管的放大作用

为实现放大，三极管应满足下列条件：

（1）发射区重掺杂；

（2）基区很薄；

(3) 集电结面积大;

(4) 发射结正向偏置,集电结反向偏置。

工作过程如下:由于 e 结正向运用,且 e 区重掺杂,因而发射区的多数载流子大量扩散注入至基区,又由于 c 结反向运用,故注入至基区的载流子在基区形成浓度差,所以注入的载流子在基区扩散至集电结,被电场拉至 c 区形成集电极电流。由于基区很薄,因此注入的载流子在基区复合得较少,绝大多数均被 c 结收集。

电流分配关系如下:

$$I_E = I_C + I_B$$
$$I_C = \alpha I_E + I_{CBO}$$
$$I_C = \beta I_B + I_{CEO}$$
$$I_{CEO} = (1 + \beta) I_{CBO}$$

其中,I_{CBO} 为 c 结少数载流子形成的反向饱和电流;I_{CEO} 为 $I_B = 0$ 时,c、e 极之间的穿透电流;α 为共基极电流放大系数;β 为共发射极电流放大系数。α、β 的定义为

$$\alpha = \frac{I_C}{I_E}$$

$$\beta = \frac{I_C}{I_B}$$

注意 α、β 有两种定义:

一种是直流电流之比,称为直流放大系数:

$$\bar{\alpha} = \frac{直流集电极电流\ I_C}{直流发射极电流\ I_E}$$

$$\bar{\beta} = \frac{直流集电极电流\ I_C}{直流基极电流\ I_B}$$

另一种是变化量(交流)之比,称为交流放大系数:

$$\alpha = \frac{\Delta I_C}{\Delta I_E} \qquad\qquad \beta = \frac{\Delta I_C}{\Delta I_B}$$

显然交流放大系数(α、β)与直流放大系数($\bar{\alpha}$、$\bar{\beta}$)的含义是不同的。由于一般情况下,$\alpha \approx \bar{\alpha}$,$\beta \approx \bar{\beta}$,因此常常不区分 α 与 $\bar{\alpha}$,β 与 $\bar{\beta}$。

3. 特性曲线

三极管的特性曲线与三极管的接法有关,我们主要讲述用得最多的共发射极的特性。

(1) 输入特性:

$$I_B = f(U_{BE}) \big|_{U_{CE} = C} \qquad (C\ 表示常数)$$

输入特性与 PN 结的正向特性相似,由于三极管的两个 PN 结互相影响,因此输出电压 U_{CE} 对输入特性有影响,且 $U_{CE} > 1\ \text{V}$ 时输入特性基本重合。一般输入特性用 $U_{CE} = 0\ \text{V}$ 和 $U_{CE} \geqslant 1\ \text{V}$ 两条特性曲线表示。

(2) 输出特性:

$$I_C = f(U_{CE}) \big|_{I_B = C}$$

输出特性可分为三个区域:

· 截止区。$I_B \leqslant 0$ 的区域称为截止区,此时集电极电流近似为零,管子的集电极电压

就等于电源电压,两个结均反向偏置。

· 饱和区。此区 $U_{CE}\uparrow\to I_C\uparrow$,此时 $I_C=\beta I_B$ 关系不成立,而是由外电路确定,$U_{CE}\approx0.3$ V,两个结均处于正向偏置。

· 放大区。此区 $I_C=\beta I_B$,I_C 基本不随 U_{CE} 变化而变化,即特性曲线的平坦部分,可利用此特性组成恒流源。此时发射结正向偏置,集电结反向偏置。

4. 三极管的主要参数

(1)电流放大系数 α 或 β:主要表征管子的放大能力,一般二者关系为

$$\alpha=\frac{\beta}{1+\beta}$$

$$\beta=\frac{\alpha}{1-\alpha}$$

(2)极间反向电流:

I_{CBO}——集电极—基极反向饱和电流。

I_{CEO}——穿透电流,与 I_{CBO} 的关系为

$$I_{CEO}=(1+\beta)I_{CBO}$$

它们是由少数载流子形成的,与温度有关。

(3)极限参数:

I_{CM}——集电极最大允许电流。

P_{CM}——集电极最大允许功率损耗。

BU_{CBO}、BU_{CEO}、BU_{EBO}——三极管的击穿电压。

I_{CM}、P_{CM}、BU_{CEO} 共同确定三极管的安全工作区。

5. 参数与温度的关系

上述各参数与温度的关系如下:

$$T(温度)\uparrow\to\begin{cases}\beta\uparrow\\I_{CBO}\uparrow,\ I_{CEO}\uparrow\\|U_{BE}|\downarrow\end{cases}\to I_C\uparrow$$

本节主要要求读者掌握三极管的工作原理;能正确判断管子工作在什么区域;正确理解三极管主要参数。

1.2 典 型 题 举 例

例 1 在半导体中掺入三价元素后的半导体称为_____。

① 本征半导体　　　② P 型半导体　　　③ N 型半导体　　　④ 半导体

答案:②

例 2 少数载流子是空穴的半导体是在_____。

① 本征半导体中掺入三价元素,是 P 型半导体

② 本征半导体中掺入三价元素,是 N 型半导体

③ 本征半导体中掺入五价元素,是 N 型半导体

④ 本征半导体中掺入五价元素,是 P 型半导体

答案:③

例 3 P 型半导体多数载流子是带正电的空穴,所以 P 型半导体_____。

① 带正电　　　　② 带负电　　　　③ 没法确定　　　　④ 为电中性

答案:④

例 4 PN 结加正向电压时,其正向电流是由_____的。

① 多数载流子扩散而成　　　　　② 多数载流子漂移而成

③ 少数载流子扩散而成　　　　　④ 少数载流子漂移而成

答案:①

例 5 如果 PN 结反向电压的数值增大(小于击穿电压),则_____。

① 阻挡层不变,反向电流基本不变　　② 阻挡层变厚,反向电流基本不变

③ 阻挡层变窄,反向电流增大　　　　④ 阻挡层变厚,反向电流减小

答案:②

例 6 二极管的反向饱和电流在 20℃时是 5 μA,温度每升高 10℃,其反向饱和电流值增大一倍,当温度为 40℃时,反向饱和电流值为_____。

① 10 μA　　　　② 15μA　　　　③ 20 μA　　　　④ 40 μA

答案:③

例 7 理想二极管电路如图 1-1 所示,已知输入为正弦波 $u_i = 30 \sin\omega t$ (V),试画出输出电压 u_o 的波形。

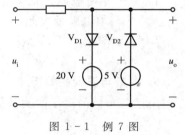

图 1-1　例 7 图

解:关键在于判断二极管 V_{D1}、V_{D2} 的导通与截止状况。如 V_{D1} 导通,$u_o = 20$ V;V_{D2} 导通,$u_o = 5$ V;只有 V_{D1}、V_{D2} 均截止时,$u_o = u_i$。

$u_i \geq 20$ V 时,V_{D1} 正偏导通,V_{D2} 反偏截止,所以输出 u_o 等于 20 V。

$u_i \leq 5$ V 时,V_{D1} 反偏截止,V_{D2} 正偏导通,所以输出为 5 V。

当 5 V $< u_i <$ 20 V 时,V_{D1}、V_{D2} 均反偏截止,输出 u_o 等于输入 u_i,其波形图如图 1-2 所示。

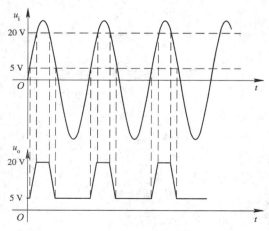

图 1-2　波形图

例 8 理想二极管电路如图 1-3 所示,试问输出端电压 $U_o=$?(设管子导通时管压降为 0 V)

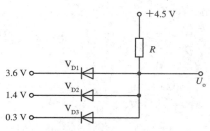

图 1-3 例 8 图

解:如孤立地看,V_{D1}、V_{D2}、V_{D3} 每管均为正向偏置,处于导通状态。实际上,它是一个整体,互相有影响,当输入电压不相同时,只可能有一只二极管导通,即正向电压最大的二极管导通,其余的均截止。对此例,V_{D3} 管压降 $U_3=4.2$ V 最大,故该管导通,$U_o=0.3$ V,V_{D1}、V_{D2} 截止。

如在分析时,认为 V_{D1} 导通,则 $U_o=3.6$ V,此时 V_{D2}、V_{D3} 仍正向偏置,而 V_{D2} 导通,$U_o=1.4$ V,此电压使 V_{D1} 截止,但仍能使 V_{D3} 导通。而 V_{D3} 导通,$U_o=0.3$ V,此电压使 V_{D1}、V_{D2} 均截止,所以,此电路只能 V_{D3} 导通,$U_o=0.3$ V。

例 9 要使三极管正常放大信号,要求三极管＿＿＿＿、＿＿＿＿、＿＿＿＿、

＿＿＿＿。

① 发射极重掺杂   ② 基区很薄

③ 集电结面积大于发射结面积   ④ 发射结、集电结均正向运用

⑤ 发射结正向运用,集电结反向运用

答案:①   ②   ③   ⑤

例 10 测得三极管的三个电极电位为 $U_x=5$ V,$U_y=1.2$ V,$U_z=1$ V,试判断该管是锗管还是硅管,是 PNP 管还是 NPN 管,并确定 e、b、c 极。

答:这类题型首先应找出发射结,相差为 0.7 V(硅管)或 0.2 V(锗管)的两个极为发射结,按其相差的数值确定是锗管还是硅管。发射结确定后,则第三个极必定是集电极。再根据 NPN 三极管 $U_C>U_B>U_E$,PNP 三极管 $U_C<U_B<U_E$,确定出是 NPN 三极管还是 PNP 三极管,最后即可确定 e、b、c 极。

对该题按上述过程可判断出:

① 因为 $U_y-U_z=0.2$ V,故该管为锗(Ge)管。

② U_x 为集电极电位,且电位最高,故为 NPN 三极管。

③ NPN 管 $U_C>U_B>U_E$,故 x 为集电极,y 为基极,z 为发射极。

例 11 晶体管工作在放大区,测得当 $I_B=10\ \mu A$ 时 $I_C=1$ mA,$I_B=30\ \mu A$ 时 $I_C=2$ mA,求该管交流放大系数 β 和直流放大系数 $\bar{\beta}$,该管穿透电流 I_{CEO} 为多大?

解:按交流放大系数定义:

$$\beta=\frac{\Delta I_C}{\Delta I_B}$$

则

$$\beta = \frac{(2-1) \times 10^{-3}}{(30-10) \times 10^{-6}} = \frac{1 \times 10^{-3}}{20 \times 10^{-6}} = 50$$

由直流放大系数定义：

$$\overline{\beta} = \frac{I_{\mathrm{C}}}{I_{\mathrm{B}}}$$

当 $I_{\mathrm{B}} = 30\ \mu\mathrm{A}$ 时，

$$\overline{\beta} = \frac{2 \times 10^{-3}}{30 \times 10^{-6}} = 66$$

可能读者会问，教材讲了一般情况下 $\beta = \overline{\beta}$，而此处为何相差如此之大，且 $\overline{\beta}$ 不是一个常数。这主要是 I_{CEO} 太大所致。所以，当 I_{CEO} 太大时 $\beta = \overline{\beta}$ 不成立，且 $\overline{\beta}$ 随直流工作点而变化。

下面求该管的 I_{CEO}：

$$I_{\mathrm{C}} = \beta I_{\mathrm{B}} + I_{\mathrm{CEO}}$$

则

$$I_{\mathrm{CEO}} = I_{\mathrm{C}} - \beta I_{\mathrm{B}} = 1 \times 10^{-3} - 50 \times 10 \times 10^{-6} = 0.5\ \mathrm{mA}$$

或

$$I_{\mathrm{CEO}} = 2 \times 10^{-3} - 50 \times 30 \times 10^{-6} = 0.5\ \mathrm{mA}$$

例 12　三极管参数为 $P_{\mathrm{CM}} = 800\ \mathrm{mW}$，$I_{\mathrm{CM}} = 100\ \mathrm{mA}$，$BU_{\mathrm{CEO}} = 30\ \mathrm{V}$，在下列几种情况中，属于工作正常的是_____。

① $U_{\mathrm{CE}} = 15\ \mathrm{V}$，$I_{\mathrm{C}} = 150\ \mathrm{mA}$　　　　② $U_{\mathrm{CE}} = 20\ \mathrm{V}$，$I_{\mathrm{C}} = 80\ \mathrm{mA}$

③ $U_{\mathrm{CE}} = 35\ \mathrm{V}$，$I_{\mathrm{C}} = 100\ \mathrm{mA}$　　　　④ $U_{\mathrm{CE}} = 10\ \mathrm{V}$，$I_{\mathrm{C}} = 50\ \mathrm{mA}$

答案：④

1.3　思考题和习题解答

1. 什么是本征半导体？什么是杂质半导体？各有什么特征？

答：本征半导体是纯净的半导体晶体，而杂质半导体是在本征半导体中，人为地掺入少量的三价或五价元素而形成的。本征半导体中参与导电的是自由电子和空穴，且自由电子数等于空穴数。杂质半导体根据掺入的杂质不同其导电特性也不同，掺入三价元素，空穴数多于自由电子数，参与导电的主要是空穴，所以称为 P 型半导体；掺入五价元素，自由电子数多于空穴数，参与导电的主要是自由电子，所以称为 N 型半导体。

2. N 型半导体是在本征半导体中掺入_____价元素，其多数载流子是_____，少数载流子是_____。

答案：五；自由电子；空穴

3. P 型半导体是在本征半导体中掺入_____价元素，其多数载流子是_____，少数载流子是_____。

答案：三；空穴；自由电子

4. 在室温附近，温度升高，杂质半导体中的_____浓度明显增加。

答案：少数载流子

5. 什么叫载流子的扩散运动、漂移运动? 它们的大小主要与什么有关?

答：由载流子浓度差引起的运动称为扩散运动;由于电场存在,载流子在电场作用下的运动称为漂移运动。扩散运动的大小主要与载流子的浓度差有关,即 $i_D \propto \dfrac{dP}{dX}\left(\dfrac{dN}{dX}\right)$;漂移运动主要与电场的大小有关,即 $i_E \propto E$。

6. 在室温下,对于掺入相同数量杂质的 P 型半导体和 N 型半导体,其导电能力_____。((a) 二者相同;(b) N 型导电能力强;(c) P 型导电能力强)

答案：(b)

解释　因为自由电子运动比空穴运动(束缚电子运动)容易得多,自由电子导电能力强于空穴,所以在掺杂浓度相同的前提下,N 型半导体导电能力好于 P 型半导体。

7. PN 结是如何形成的? 在热平衡下,PN 结有无净电流流过?

答：P 型和 N 型半导体接触时,在交界面两侧,由于自由电子和空穴的浓度相差悬殊,则将产生扩散运动。自由电子由 N 区向 P 区扩散,空穴由 P 区向 N 区扩散。由于自由电子和空穴均是带电粒子,因而自由电子由 N 区向 P 区扩散的同时,在 N 区剩下带正电的杂质离子;同样,空穴由 P 区向 N 区扩散的同时,在 P 区剩下带负电的杂质离子,这就形成了空间电荷区。故在 P 区和 N 区交界处形成 N 正 P 负的电场(称为自建场)。在此电场作用下,载流子将作漂移运动,其方向与扩散运动方向相反,阻止了扩散运动。扩散越多,电场越强,漂移运动越强,对扩散的阻力越大。平衡时,扩散运动与漂移运动相等,通过界面的载流子为 0,即 PN 结的电流为 0,这就是 PN 结的形成过程。

热平衡时,通过界面的载流子数为 0,所以净电流也为 0。

8. PN 结未加外部电压时,扩散电流_____漂移电流;加正向电压时,扩散电流_____漂移电流,其耗尽层_____;加反向电压时,扩散电流_____漂移电流,其耗尽层_____。

答案：等于;大于;变薄;小于;变厚

9. 什么是 PN 结的击穿现象? 击穿有哪两种? 击穿是否意味着 PN 结坏了? 为什么?

答：PN 结的反向电压加到某一数值时,反向电流突然剧增,这种现象称为击穿现象。击穿有雪崩击穿和齐纳击穿两种,前者是载流子在强电场作用下高速运动,具有很大的动能,在与硅原子(或锗原子)碰撞时,将载流子打出来,新的载流子再作高速运动;与半导体原子碰撞时,仍会打出新的载流子,这样一变二、二变四…… 载流子大增,所以电流急剧增加。后者是在电场作用下,直接将载流子从半导体材料的原子中拉出来,使载流子大增,电流急剧增大。

击穿不一定损坏 PN 结,只要在电路中串入一个适当的限流电阻即可,使流过二极管的反向电流与反向电压的乘积不超过允许功率损耗,管子就不会损坏。

10. 什么是 PN 结的电容效应? 何谓势垒电容、扩散电容? PN 结正向运用时,主要考虑何种电容? 反向运用时,主要考虑何种电容?

答：当外加电压变化,引起 PN 结两侧电荷变化,这种现象称为 PN 结的电容效应。

势垒电容:外加电压变化,引起阻挡层厚度变化,从而引起阻挡层内电荷变化,这种电容效应称为势垒电容。

扩散电容：外加电压变化，载流子扩散也变化，从而引起阻挡层外电荷变化，这种电容效应称为扩散电容。

显然，反向运用时主要考虑势垒电容；正向运用时主要考虑扩散电容。

11. 二极管的直流电阻 R_D 和交流电阻 r_d 有何不同？如何在伏安特性曲线上表示出来？

答：直流电阻 R_D 是二极管两端的直流电压与流过二极管的直流电流之比，即

$$R_D = \frac{U_F}{I_F}$$

其在伏安特性曲线上的表示如图 1-4(a) 所示。

交流电阻 r_d 是二极管工作点附近电压的微变值 ΔU 与相应的微变电流值 ΔI 之比，即

$$r_d = \frac{\Delta U}{\Delta I}$$

其在伏安特性曲线上的表示如图 1-4(b) 所示。

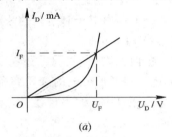 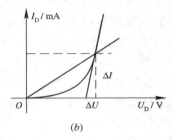

图 1-4　交、直流电阻在伏安特性曲线上的表示

一般情况下这种电阻是非线性的，其值均随工作电流加大而减小，且 $R_D > r_d$。

12. 二极管的伏安特性方程为

$$I_D = I_S(e^{\frac{U}{U_T}} - 1)$$

试推导二极管正向导通时的交流电阻

$$r_d = \frac{dU}{dI} = \frac{U_T}{I_D}$$

室温下 $U_T = 26$ mV，当正向电流为 1 mA、2 mA 时，估算其电阻 r_d 的值。

解：

$$dI_D = d\left[I_S(e^{\frac{U}{U_T}} - 1)\right] = \frac{I_S}{U_T}e^{\frac{U}{U_T}}\,dU \approx \frac{I_D}{U_T}\,dU$$

即

$$r_d = \frac{U_T}{I_D} = \frac{26(\text{mV})}{I_D}$$

$I_D = 1$ mA、2 mA 时，r_d 的值分别为

$$r_{d1} = \frac{26 \text{ mV}}{1 \text{ mA}} = 26 \ \Omega$$

$$r_{d2} = \frac{26 \text{ mV}}{2 \text{ mA}} = 13 \ \Omega$$

13. 稳压二极管是利用了二极管的_____特性。

（(a) 正向导通；(b) 反向截止；(c) 反向击穿）

答案：(c)

14. 二极管电路如图 1-5 所示，已知输入电压 $u_i = 30 \sin\omega t$ （V）；二极管的正向压降和反向电流均可忽略。试画出输出电压 u_o 的波形。

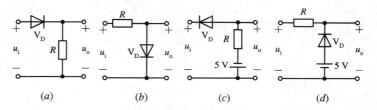

图 1-5 题 14 图

解：(a) $u_i > 0$，二极管导通，$u_o = u_i$；$u_i < 0$，二极管截止，$u_o = 0$ V。波形图如图 1-6 (a)所示。

（b) $u_i > 0$，二极管导通，$u_o = 0$ V；$u_i < 0$，二极管截止，$u_o = u_i$。波形如图 1-6(b) 所示。

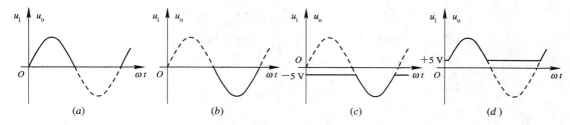

图 1-6 题 14 解图

（c) $u_i > -5$ V，二极管截止，$u_o = -5$ V；$u_i < -5$ V，二极管导通，$u_o = u_i$。波形如图 1-6 (c)所示。

（d) $u_i > 5$ V，二极管截止，$u_o = u_i$；$u_i < 5$ V，二极管导通，$u_o = +5$ V。波形如图 1-6 (d)所示。

15. 电路如图 1-7 所示，$u_i = 5 \sin\omega t$，试画出输出电压波形 u_o。

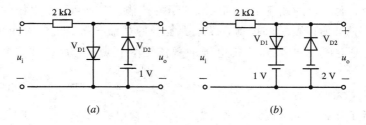

图 1-7 题 15 图

解：(a) $u_i > 0$ V，V_{D1} 导通，V_{D2} 截止，$u_o = 0$ V；$u_i < -1$ V，V_{D1} 截止，V_{D2} 导通，$u_o = -1$ V；-1 V $< u_i < 0$ V，V_{D1}、V_{D2} 均截止，$u_o = u_i$。波形如图 1-8(a)所示。

（b) $u_i > 1$ V，V_{D1} 导通，V_{D2} 截止，输出电压 $u_o = 1$ V；$u_i < -2$ V，V_{D1} 截止，V_{D2} 导通，$u_o = -2$ V；-2 V $< u_i < 1$ V，V_{D1}、V_{D2} 均截止，$u_o = u_i$。输出电压波形如图 1-8(b)所示。

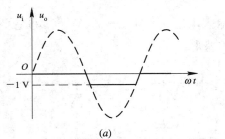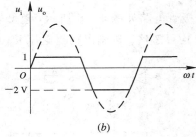

图 1 − 8 题 15 解图

16. 由理想二极管组成的电路如图 1 − 9 所示，试确定各电路的输出电压 U_o。

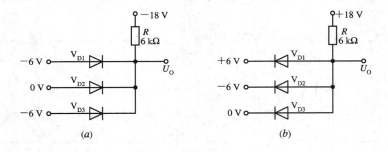

图 1 − 9 题 16 图

解：(a) $U_o = 0$ V；(b) $U_o = -6$ V

17. 为了使三极管能有效地起放大作用，要求三极管的发射区掺杂浓度高；基区宽度要薄；集电结结面积比发射结结面积大。其理由是什么？如果将三极管的集电极和发射极对调使用（即三极管反接），能否起放大作用？

答：因为只有由发射极注入到基区的载流子，才能形成集电极电流，而基区向发射极注入的载流子，是构成发射极电流的一部分，它对载流子的传输无贡献，使管子的电流放大系数减小，所以要求发射极为高浓度的掺杂。由发射极注入的载流子，在基区扩散的同时，不断地复合，而复合的载流子不利于载流子的传输，它使到达集电极的载流子数下降，即集电极电流下降，所以要求基区薄，以减少复合的载流子数。集电极面积愈大，收集到由发射极注入，通过基区扩散到达集电极的载流子数就愈多，所以要求集电结的结面积要大。

三极管反接，无放大作用。

18. 三极管工作在放大区时，发射结为_____，集电结为_____；工作在饱和区时，发射结为_____，集电结为_____；工作在截止区时，发射结为_____，集电结为_____。

答案：正向运用；反向运用；正向运用；正向运用；反向运用；反向运用

19. 工作在放大区的某三极管，当 I_B 从 20 μA 增大到 40 μA，I_C 从 1 mA 变成 2 mA 时，它的 β 约为_____。（50、100、200）

答案：50 $\left(\beta = \dfrac{\Delta I_C}{\Delta I_B} = \dfrac{2-1}{0.04-0.02} = \dfrac{1}{0.02} = 50 \right)$

20. 工作在放大状态的三极管，流过发射结的电流主要是_____，流过集电结的电流主要是_____。（(a) 扩散电流，(b) 漂移电流）

答案：(a)；(b)

21. 当温度升高时，三极管的 β _____，反向饱和电流 I_{BO} _____，U_{BE} 下降。

答案：增大；增大

22. (1) 某三极管，其 $\alpha = 0.98$，当发射极电流为 2 mA 时，基极电流是多少？该管的 β 为多大？

(2) 另一只三极管，其 $\beta = 100$。当发射极电流为 5 mA 时，基极电流是多少？该管的 α 为多大？

解：(1) 由

$$\alpha = \frac{I_C}{I_E}$$

得

$$I_C = \alpha I_E = 0.98 \times 2 = 1.96 \text{ mA}$$

则

$$I_B = I_E - I_C = 2 - 1.96 = 0.04 \text{ mA}$$

故

$$\beta = \frac{I_C}{I_B} = \frac{1.96}{0.04} = 49$$

或

$$\beta = \frac{\alpha}{1 - \alpha} = \frac{0.98}{0.02} = 49$$

(2) 由

$$I_E = I_C + I_B = \beta I_B + I_B = (1 + \beta) I_B$$

得

$$I_B = \frac{I_E}{1 + \beta} = \frac{5}{101} = 0.0495 \text{ mA}$$

故

$$\alpha = \frac{\beta}{1 + \beta} = 0.99$$

23. 三极管的安全工作区受哪些极限参数的限制？使用时，如果超过某项极限参数，试分别说明将会产生什么结果。

答：三极管的极限参数为最大功率损耗 P_{cmax}，最大集电极电流 I_{CM} 和击穿电压 BU_{CEO} 等。使用时均不能超过它们，如果超过 P_{cmax}，管子将烧坏；如果超过击穿电压，管子将失去放大作用；如果加有限流电阻，管子不一定损坏。当超过 I_{CM} 时，电流放大系数 β 下降太多，将产生非线性失真。

24. 放大电路中两个三极管的两个电极电流如图 1-10 所示。

(1) 求另一个电极电流，并在图上标出实际方向。

（2）判断它们各是 NPN 还是 PNP 型管，标出 e、b、c 极。

（3）估算它们的 α、β 值。

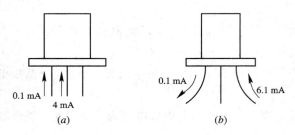

图 1 - 10　题 24 图

答：（1）按三极管的关系：

$$I_E + I_C + I_B = 0$$

所以对于图 1 - 10(a)，有

$$I_E = I_C + I_B = 4 + 0.1 = 4.1 \text{ mA}$$

其电流方向如图 1 - 11(a) 所示向外流。对于图 1 - 10(b)，有

$$I_C = I_E - I_B = 6.1 - 0.1 = 6 \text{ mA}$$

其电流方向如图 1 - 11(b) 所示向外流。

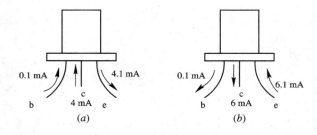

图 1 - 11　题 24 答图

（2）按 NPN 和 PNP 电流方向，NPN 管子基极电流和集电极电流均为流进，发射极电流为流出；PNP 管子基极电流和集电极电流均为流出，发射极电流为流进。只要工作在放大区，三个电流的关系为 $I_E > I_C > I_B$，故可确定图 1 - 10(a) 为 NPN 管，图 1 - 10(b) 为 PNP 管，其 e、b、c 极标在图 1 - 11 上。

（3）图 1 - 10(a) 的 α、β 值为

$$\alpha = \frac{I_C}{I_E} = \frac{4}{4.1} \approx 0.9756$$

$$\beta = \frac{I_C}{I_B} = \frac{4}{0.1} = 40$$

或

$$\beta = \frac{\alpha}{1-\alpha} \approx 39.98$$

图 1 - 10(b) 的 α、β 值为

$$\alpha = \frac{I_C}{I_E} = \frac{6}{6.1} \approx 0.9836$$

$$\beta = \frac{I_C}{I_B} = \frac{6}{0.1} = 60$$

或

$$\beta = \frac{\alpha}{1-\alpha} \approx 59.98$$

25. 放大电路中，测得几个三极管三个电极电位 U_1、U_2、U_3 分别为下列各组数值，判断它们是 NPN 型管还是 PNP 型管，是硅管还是锗管，确定 e、b、c 极。

(1) $U_1 = 3.3$ V，$U_2 = 2.6$ V，$U_3 = 15$ V；

(2) $U_1 = 3$ V，$U_2 = 3.2$ V，$U_3 = 15$ V；

(3) $U_1 = 6.4$ V，$U_2 = 14.3$ V，$U_3 = 15$ V；

(4) $U_1 = 8$ V，$U_2 = 14.8$ V，$U_3 = 15$ V。

解：(1) $U_1 - U_2 = 0.7$ V，故 1、2 间为发射结，U_3 即为集电极电位，e 结电压为 0.7 V，为硅管，集电极电压最高，为 NPN 三极管。所以可判定 1 为基极，2 为发射极，3 为集电极。

(2) $U_2 - U_1 = 0.2$ V，故为锗管，U_3 为集电极电位，最高，故为 NPN 三极管。1 为发射极，2 为基极，3 为集电极。

(3) $U_3 - U_2 = 0.7$ V，故为硅管，U_1 为集电极电位，最低，故为 PNP 三极管。1 为集电极，2 为基极，3 为发射极。

(4) $U_3 - U_2 = 0.2$ V，故为锗管，U_1 为集电极电位，最低，故为 PNP 三极管。1 为集电极，2 为基极，3 为发射极。

26. 用万用表测量某些三极管的管压降得下列几组值，说明每个管子是 NPN 型管还是 PNP 型管，是硅管还是锗管，并说明它们工作在什么区域。

(1) $U_{BE} = 0.7$ V，$U_{CE} = 0.3$ V；

(2) $U_{BE} = 0.7$ V，$U_{CE} = 4$ V；

(3) $U_{BE} = 0$ V，$U_{CE} = 4$ V；

(4) $U_{BE} = -0.2$ V，$U_{CE} = -0.3$ V；

(5) $U_{BE} = -0.2$ V，$U_{CE} = -4$ V；

(6) $U_{BE} = 0$ V，$U_{CE} = -4$ V。

解：(1) $U_{BE} = 0.7$ V，故为硅管，其电压均为正值，故为 NPN 三极管。$U_{CE} = 0.3$ V，故工作在饱和区。

(2) $U_{BE} = 0.7$ V，故为硅管，其电压均为正值，故为 NPN 三极管。$U_{CE} = 4$ V > 0.3 V，故工作在放大区。

(3) $U_{BE} = 0$ V，管子工作在截止区，无法判定是锗管还是硅管。$U_{CE} > 0$ V，故为 NPN 三极管。

(4) $U_{BE} = -0.2$ V，故为锗管，其电压均为负值，故为 PNP 三极管。$U_{CE} = -0.3$ V，故工作在饱和区。

(5) $U_{BE} = -0.2$ V，故为锗管，其电压均为负值，故为 PNP 三极管。$U_{CE} = -4$ V $<$ -0.3 V，故工作在放大区。

（6）$U_{BE}=0$ V，故为截止区。U_{CE} 为负值，故为 PNP 三极管，无法判定其是锗管还是硅管。

27. 电路如图 1-12 所示。已知三极管为硅管，$U_{BE}=0.7$ V，$\beta=50$，I_{CBO} 可不计。若希望 $I_C=2$ mA，试求（a）图的 R_e 和（b）图的 R_b 值，并将二者进行比较。

解：（a）图中

$$6 \text{ V} = U_{BE} + I_E R_e \qquad \text{且 } I_C \approx I_E$$

故

$$R_e = \frac{6 \text{ V} - U_{BE}}{I_e} = \frac{6 \text{ V} - 0.7 \text{ V}}{2 \text{ mA}} = 2.65 \text{ k}\Omega$$

（b）图中

$$6 \text{ V} = U_{BE} + I_B R_b \qquad \text{且 } I_B = \frac{I_C}{\beta}$$

故

$$R_b = \frac{6 \text{ V} - U_{BE}}{I_C}\beta = 2.65 \times 50 = 132.5 \text{ k}\Omega$$

由于流过 R_e 的电流 I_E 比流过 R_b 的电流 I_B 大近似 β 倍，因此 $R_b \approx \beta R_e$。

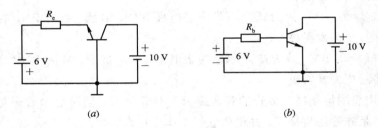

(a)　　　　　　　　　　　(b)

图 1-12　题 27 图

第二章　放大电路分析

　　放大器的核心任务是不失真地放大信号。为此本章要解决的主要问题是：

　　(1) 如何组成能放大信号的电路——放大器的组成。

　　(2) 如何保证放大的信号不失真——放大电路的直流工作状态的确定。

　　(3) 放大器的性能如何——放大器的指标计算。

　　本章是本课程的重点内容之一。

　　本章介绍了模拟电路的一些基本概念：如交流通路和直流通路、静态和动态、直流和交流负载线、工作点、饱和和截止失真、放大倍数、输入电阻和输出电阻等等。这些概念贯穿本课程的始终，如果这些内容掌握不好，对今后各章的学习将带来许多困难，甚至会导致原则性的错误。

　　基本放大电路是组成其它各种复杂放大电路的基础，如多级放大电路、负反馈放大电路、运算放大电路及正弦振荡电路等等，所以掌握好本章的内容后，才能进一步学好后面几章的内容。

　　本章介绍了模拟电子线路中最基本、最常用的分析方法，即图解法和微变等效电路法，要求学生熟练掌握好这些分析法。

　　基于上述各点，可以看出本章在模拟电子技术课程中的位置是十分重要的，是基础之基础。

　　另外，初学者学习本章时，常会感到十分困难，其原因是新概念太多，且较为集中提出，一时难于理解和消化。因此要求在学习本章时，要注意准确理解概念，多做习题，通过做题加深理解和对概念的应用。

　　通过本章的学习，要求熟练掌握下面几个重点内容：

　　(1) 放大电路直流工作点(Q点)的估算；

　　(2) 放大电路指标计算，含电压放大系数 $A_u = \dfrac{U_o}{U_i}$、源电压放大系数 $A_{us} = \dfrac{U_o}{U_s}$、输入电阻 r_i、输出电阻 r_o 的计算；

　　(3) 根据输出电压波形，判断非线性失真的类型，及怎样调整电路参数消除非线性失真。

2.1　本　章　小　结

2.1.1　放大电路的组成原理

　　这一节应搞清下述几个问题：

(1) 放大电路的组成原理，即放大电路应具备的条件：

① 放大器件应工作在放大区，对三极管而言，发射结应正向运用，集电结应反向运用；

② 输入信号能输送至放大器件的输入端，即三极管的发射结；

③ 有信号电压输出。

上述条件必须同时具备，缺一不可。判断给定电路是否具有放大作用，就是依据上述条件。此类问题的例子请参阅习题 1 的解答。

(2) 放大电路的直流通路和交流通路。分析放大电路有两类问题：直流问题和交流问题。所以对这两种通路必须分清。

直流通路，即直流成分的通路。将放大电路中的耦合电容和旁路电容视为开路即得。

交流通路，即交流成分的通路。将放大电路中的耦合电容和旁路电容视为短路，直流电压源置零即得(恒压源短路，恒流源断路)。

此类问题的例子，请参阅习题 4 的解答。

2.1.2 放大电路的静态工作状态

本节是本章重点内容之一。应掌握用公式法计算 Q 点和用图解法确定 Q 点。

1. 公式法计算 Q 点

常见电路如图 2-1 所示，它们的工作点估算按下述公式进行：

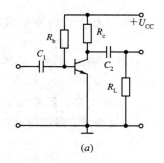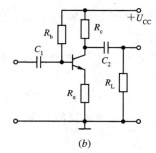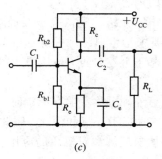

(a) (b) (c)

图 2-1 常用放大电路

对图 2-1(a)，有

$$I_{BQ} = \frac{U_{CC} - U_{BE}}{R_b} \approx \frac{U_{CC}}{R_b}$$

$$I_{CQ} = \beta I_{BQ}$$

$$U_{CEQ} = U_{CC} - I_{CQ} R_c$$

对图 2-1(b)，有

$$I_{BQ} = \frac{U_{CC} - U_{BE}}{R_b + (1 + \beta) R_e}$$

$$I_{CQ} = \beta I_{BQ}$$

$$U_{CEQ} \approx U_{CC} - I_{CQ} (R_c + R_e)$$

对图 2 - 1(c)，有

$$U_B = \frac{R_{b1}}{R_{b2} + R_{b1}} U_{CC}$$

$$I_{EQ} = \frac{U_B - U_{BE}}{R_e} \approx I_{CQ}$$

$$I_{BQ} = \frac{I_{EQ}}{1 + \beta}$$

$$U_{CEQ} \approx U_{CC} - I_{CQ}(R_c + R_e)$$

对 PNP 放大电路 Q 点的计算与上述一样，不同之处是实际电流方向与 NPN 相反，电压极性相反。

2. 图解法

图解法的关键是正确作出直流负载线，直流负载线与 $i_B = I_{BQ}$ 的特性曲线的交点，即为 Q 点，从图上读出 Q 点坐标即得 I_{CQ} 和 U_{CEQ}。

要求通过图解法了解、掌握元件参数变化对直流工作点的影响。

R_b 变化只改变 I_{BQ} 值，而对直流负载线不产生影响，故 Q 点将沿直流负载线移动。

R_c 变化只改变直流负载线的斜率，而对基极电流 I_B 不产生影响，故 Q 点将沿 $I_B = I_{BQ}$ 这一条特性曲线移动。

U_{CC} 变化比较复杂，它既影响基极电流 I_B，同时也影响直流负载线。由于 R_c 没有变化，故直流负载线是平行移动，Q 点将在原 Q 点的右上方或左下方移动。

2.1.3　放大电路的动态分析

本节是本章也是本课程的重点内容之一，主要讲述两个问题。

1. 图解法分析动态特性

当输入交流信号后，其负载是 $R_L' = R_c /\!/ R_L$，所以其电流电压关系与交流负载线有关。按交流负载线必通过 Q 点，且斜率为 R_L'，作出交流负载线。从交流负载线与特性曲线的交点分析波形关系，确定最大不失真输出电压，判断非线性失真的类型。

2. 微变等效电路法分析计算放大器性能

利用微变等效电路分析、计算放大器的性能指标是本课程的重点之一。必须掌握微变等效电路的画法，以及基本放大电路的电压放大系数、输入电阻、输出电阻的计算等，掌握三种基本放大电路(共发射极、共集电极、共基极放大电路)的性能比较。

2.1.4　静态工作点的稳定及其偏置电路

本节应着重搞清下列问题：

(1) 温度对静态工作点的影响及带来的后果。

(2) 工作点稳定电路的计算(Q 点的计算以及电压放大倍数、输入电阻和输出电阻的确定)。

2.1.5　多级放大电路

这一节应注意以下两个方面的问题。

1. 多级放大器的耦合方式及其特点

多级放大器的耦合方式有阻容耦合和直接耦合及变压器耦合三种。

（1）阻容耦合：各级间工作点互相独立，便于调整；由于电容器的存在，它不能放大变化缓慢的（直流）信号，不便于集成。

（2）直接耦合：工作点前后互相影响，调整困难；它不仅能放大交流信号，也能放大直流信号，便于集成；存在零漂现象。

（3）变压器耦合：工作点互相独立，便于调整；成本高、体积重；只能放大交流信号，不能放大变化缓慢的信号，不便于集成；最大特点是能进行阻抗变换。

2. 多级放大器性能指标的计算

（1）电压放大倍数 A_u：

$$A_u = A_{u1} \cdot A_{u2} \cdots \cdot A_{un}$$

注意之点是：在计算前级放大电路电压放大倍数时，要考虑后级的负载效应，即后级作为前级的负载电阻。故

$$A_{u1} = -\frac{\beta_1 R'_{L1}}{r_{be1}} \qquad R'_{L1} = R_{c1} \parallel r_{i2}$$

（2）输入电阻 r_i：

多级放大器的输入电阻等于输入级的输入电阻，即

$$r_i = r_{i1}$$

当输入级为射极输出器时，则 r_i 与 r_{i2} 有关。

（3）输出电阻 r_o：

多级放大器的输出电阻等于输出级的输出电阻，即

$$r_o = r_{on}$$

若输出级为射极输出器，则 r_{on} 与前级输出电阻有关。

2.2 典型题举例

例 1　放大电路如图 2－2 所示，求 Q 点。

解：此电路为 NPN 放大电路，与常规画法不相同，发射极画在上方，从电压关系看，满足放大条件。

$$U_{R_{b1}} = \frac{R_{b1}}{R_{b2} + R_{b1}} \times U_{EE} = \frac{40}{120 + 40} \times 12$$
$$= 3 \text{ V}$$

$$I_{EQ} = \frac{U_{R_{b1}} - U_{BE}}{R_e} = \frac{2.3}{2.3} = 1 \text{ mA} \approx I_{CQ}$$

$$U_{CEQ} \approx U_{EE} - I_C(R_c + R_e) = 12 - 1 \times (2.3 + 2)$$
$$= 7.7 \text{ V}$$

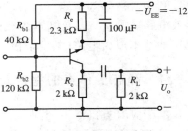

图 2－2　例 1 电路图

注意：本题的电压是 $U_{R_{b1}}$ 不是 U_B，这是较易出错的地方。

例 2　放大电路如图 2－3(a)所示，特性曲线如图 2－3(b)所示。试说明静态工作点由 Q_1 变成 Q_2，由 Q_2 变为 Q_3 的原因。

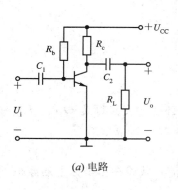
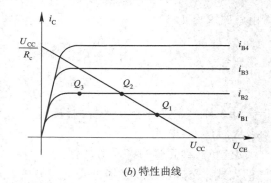

(a) 电路　　　　　　　　　　　　　(b) 特性曲线

图 2 - 3　例 2 图

答： $Q_1 \rightarrow Q_2$，是由于 I_B 增大即 R_b 减小所致；$Q_2 \rightarrow Q_3$ 则是 R_c 增大所致。

题型变换一： 要使工作点由 $Q_1 \rightarrow Q_2$，应使_____。

① $R_L \uparrow$　　　② $R_c \uparrow$　　　③ $R_b \downarrow$　　　④ $C_2 \uparrow$

答案：③

题型变换二： 要使工作点由 $Q_2 \rightarrow Q_3$，应使_____。

① $R_L \uparrow$　　　② $R_c \uparrow$　　　③ $R_b \downarrow$　　　④ $C_2 \uparrow$

答案：②

这一类型的考题主要涉及工作点与元件参数的关系。

例 3　放大电路如图 2 - 4(a) 所示，管子的特性曲线如图 2 - 4(b) 所示。

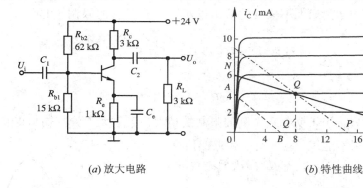

(a) 放大电路　　　　　　　　　　(b) 特性曲线

图 2 - 4　例 3 图

（1）作出直流负载线，确定 Q 点。

（2）作出交流负载线，确定最大不失真的输出电压振幅 U_{om}。

解：（1）作直流负载线。写出直流负载方程。

$$U_{CE} = U_{CC} - I_C(R_c + R_e) = 24 - I_C(3 + 1)$$

令 $I_C = 0$，有

$$U_{CE} = U_{CC} = 24 \text{ V} \qquad 得 M 点$$

令 $U_{CE} = 0$，有

$$I_C = \frac{24}{4} = 6 \text{ mA} \qquad 得 N 点$$

连接 MN 点即为直流负载线，如图 2 - 4(b) 所示。

再由电路求出 I_{EQ}

$$U_B = \frac{R_{b1}}{R_{b2} + R_{b1}} U_{CC} = \frac{15}{62 + 15} \times 24 \approx 4.7 \text{ V}$$

$$I_{EQ} = \frac{U_B - U_{BE}}{R_e} = \frac{4}{1} = 4 \text{ mA}$$

由 $I_{EQ} = 4$ mA 作一条与横坐标平行的线，它与直流负载线的交点即为 Q 点：$I_{CQ} = 4$ mA，$I_{BQ} = 40$ μA，$U_{CEQ} = 8$ V。

（2）交流负载线可通过两种方法作出。

① 两点式：交流负载线必通过 Q 点，另一点是交流负载线在横坐标上的截距 P 点。

$$\overline{OP} = \overline{OQ'} + \overline{Q'P}$$

$$U_P = U_{CEQ} + I_{CQ} R_L' = 8 + 4(3 /\!/ 3) = 14 \text{ V}$$

连接 QP 两点，即为交流负载线，如图 2-4(b)中点划线所示。

② 点斜式：已知交流负载线上的一点 Q，其斜率由 $R_L' = R_c /\!/ R_L$ 决定。首先作一条辅助线，满足

$$R_L' = \frac{U_{CE}}{I_C} = \frac{6}{4} = 1.5 \text{ k}\Omega$$

如图 2-4(b)中虚线 $\overline{AB}$ 所示。然后过 Q 点作辅助线的平行线，此线即为交流负载线，如图 2-4(b)中点划线所示。

两种方法所得结果完全一致。

由交流负载线可以看出，其最大不失真的输出电压受截止失真的限制。由图 2-4(b)读出

即

$$\overline{Q'P} = \overline{OP} - \overline{OQ'}$$

$$U_{om} = 14 - 8 = 6 \text{ V}$$

或

$$U_{om} = I_{CQ} \cdot R_L' = 4 \times 1.5 = 6 \text{ V}$$

注意：$U_{om} = I_{CQ} \cdot R_L'$ 只能用于受截止失真的限制的情况。当最大不失真输出电压受饱和失真限制时，上述公式则不能用，应该用下式近似估算 $U_{om} = U_{CQ} - U_{CES}$。

例 4 电路如图 2-4(a)所示，当 R_{b2} 增大时首先出现什么失真？

答：$R_{b2} \uparrow \rightarrow U_B \downarrow \rightarrow I_{EQ} \downarrow \rightarrow Q$ 点下降，所以，首先出现截止失真，对 NPN 放大电路而言是顶部失真。

例 5 放大电路如图 2-4(a)所示，其输出波形如图 2-5 所示，为消除失真应改变哪个电路参数？

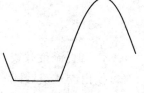

图 2-5 例 5 输出波形

答：首先应判定是什么性质的失真，由波形判定失真性质的思路如下：

首先观察输出波形是在最高处产生失真还是在最低处产生失真，此题是在最低处产生失真。然后由放大电路判定是饱和还是截止时输出电压最低。此题放大电路是 NPN 放大电路，截止时 $U_C = U_{CC}$，输出电压最高；饱和时 $U_{CE} = U_{CES}$，输出电压最低。所以，是饱和失真。

饱和失真是由于 Q 点过高所致的，因此，为消除失真，应使 Q 点下降，即 I_B 下降。可通过改变电阻元件实现：$R_{b2} \uparrow$ 或 $R_{b1} \downarrow$ 或 $R_e \uparrow$。

题型变换一：电路如图 2 - 4(a)所示，输出波形如图 2 - 5 所示，为消除失真，应该使_____。

① R_{b2} ↓ 　　② R_{b1} ↓ 　　③ R_e ↓ 　　④ R_c ↑

答案：②

题型变换二：电路如图 2 - 4(a)所示，输出波形如图 2 - 5 所示，为消除失真，可以采取的措施是_____。（多项选择）

① R_{b2} ↑ 　　② R_{b1} ↓ 　　③ R_e ↑ 　　④ R_c ↓ 　　⑤ R_L ↑

答案：①、②、③、④

判断波形失真不能死记硬背，生搬硬套，必须掌握前述的思路和方法。要注意电路是由什么类型的管子所组成的；是集电极输出还是发射极输出。

例 6　放大电路如图 2 - 6 所示，输出波形如图 2 - 5 所示，该电路产生何种失真？

答：该电路是射极输出。

截止时：$I_e = 0$，$U_o = I_e R_e = 0$，电位最低；

饱和时：$I_e = \dfrac{U_{CC} - U_{CES}}{R_e}$，电流最大，$U_o$ 也最高。

所以，在最低处的失真是截止失真。

例 7　放大电路如图 2 - 7 所示。

（1）画出微变等效电路。

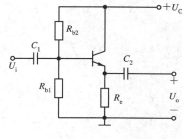

图 2 - 6　例 6 图

（2）写出各电路的电压放大系数 $A_u = \dfrac{U_o}{U_i}$、源电压放大系数 $A_{us} = \dfrac{U_o}{U_s}$、输入电阻 r_i 和输出电阻 r_o。

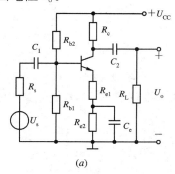 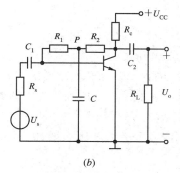 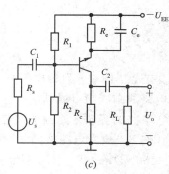

(a)　　　　　　　　　　　　(b)　　　　　　　　　　　　(c)

图 2 - 7　例 7 图

解：（1）微变等效电路如图 2 - 8 所示。

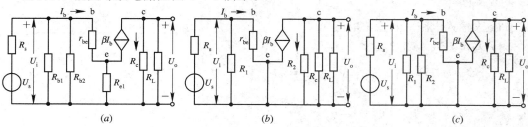

(a)　　　　　　　　　　　　(b)　　　　　　　　　　　　(c)

图 2 - 8　例 8 图

(2) 各电路的指标如下所述:

图 2 - 7(a)

$$A_u = -\frac{\beta R_L'}{r_{be} + (1+\beta)R_{e1}}$$

$$R_L' = R_c \,/\!/\, R_L$$

$$r_i = R_{b1} \,/\!/\, R_{b2} \,/\!/\, [r_{be} + (1+\beta)R_{e1}]$$

$$A_{us} = \frac{r_i}{R_s + r_i}A_u$$

$$r_o = R_c$$

图 2 - 7(b)

$$A_u = -\frac{\beta R_L'}{r_{be}}$$

$$R_L' = R_2 \,/\!/\, R_c \,/\!/\, R_L$$

$$r_i = R_1 \,/\!/\, r_{be}$$

$$A_{us} = \frac{r_i}{R_s + r_i}A_u$$

$$r_o = R_c \,/\!/\, R_2$$

图 2 - 7(c)

$$A_u = -\frac{\beta R_L'}{r_{be}}$$

$$R_L' = R_c \,/\!/\, R_L$$

$$r_i = R_1 \,/\!/\, R_2 \,/\!/\, r_{be}$$

$$A_{us} = \frac{r_i}{R_s + r_i}A_u$$

$$r_o = R_c$$

注意: 图 2 - 7(b)中 R_1、R_2 的处理,由于电容 C 的存在,P 点实际接地;图 2 - 7(c)中电路的画法与习惯画法不一致,射极在上,但画等效电路时只要注意 e、b、c 的位置,与其它电路的等效电路画法完全一样。

例 8　放大电路如图 2 - 9 所示,已知晶体三极管 $r_{bb'} = 300\ \Omega$,$\beta = 20$,$U_{BE} = 0.7\ V$。

(1) 估算静态时的 I_{CQ}、U_{CEQ}。

(2) 求电压放大系数 $A_u = \dfrac{U_o}{U_i}$。

(3) 求输入电阻 r_i 和输出电阻 r_o。

(4) 若接入 $R_L = 8.7\ k\Omega$,$A_u = ?$

(5) R_L 开路,$R_s = 1\ k\Omega$ 时 $A_{us} = \dfrac{U_o}{U_s} = ?$

(6) C_e 开路(R_L 开路)时 $A_u = \dfrac{U_o}{U_i} = ?$

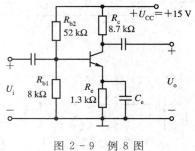

图 2 - 9　例 8 图

解：(1) $U_B = \dfrac{R_{b1}}{R_{b1}+R_{b2}} U_{CC} = \dfrac{8}{52+8} \times 15 = 2 \text{ V}$

$$I_{EQ} = \frac{U_B - U_{BE}}{R_e} = \frac{1.3}{1.3} = 1 \text{ mA} \approx I_{CQ}$$

$$U_{CEQ} = U_{CC} - I_C(R_c + R_e) = 15 - 1 \times (8.7 + 1.3) = 5 \text{ V}$$

(2) $A_u = \dfrac{U_o}{U_i} = -\dfrac{\beta R_L'}{r_{be}}$，其中 $R_L' = R_c /\!/ R_L = R_c = 8.7 \text{ k}\Omega$

$$r_{be} = r_{bb'} + (1+\beta)\frac{26}{I_{EQ}} = 300 + 21 \times \frac{26}{1} = 846 \ \Omega$$

$$A_u = -\frac{20 \times 8.7}{0.846} \approx -205.7$$

(3) $r_i = R_{b2} /\!/ R_{b1} /\!/ r_{be} \approx r_{be} = 0.846 \text{ k}\Omega$

$r_o = R_c = 8.7 \text{ k}\Omega$

(4) $R_L = 8.7 \text{ k}\Omega$，则 $R_L' = R_c /\!/ R_L = 4.35$

$$A_u = -\frac{20 \times 4.35}{0.846} \approx -102.8$$

(5) $A_{us} = \dfrac{r_i}{R_s + r_i} A_u = \dfrac{0.846}{1 + 0.846} \times (-205.7) \approx -94.3$

(6) C_e 开路，R_e 将对放大器的性能产生影响。

$$A_u = -\frac{\beta R_c}{r_{ne} + (1+\beta)R_e} = \frac{-20 \times 8.7}{0.846 + 21 \times 1.3} \approx -6.2$$

由上可看出 R_e 对放大倍数有很大影响。R_e 不该考虑时考虑了，或者该考虑时又没考虑，都将产生大的错误。

例 9 三种基本放大电路中，输入电阻最大的是_____放大电路；输入电阻最小的是_____放大电路；输出电压与输入电压相位相反的是_____放大电路；电压放大倍数最大的是_____放大电路；电压放大倍数最小的是_____放大电路；输出电阻最小的是_____放大电路；电流放大系数最大的是_____放大电路；电流放大系数最小的是_____放大电路；既有电流放大又有电压放大的是_____放大电路。

答：按填空位依次填入：共 c 极；共 b 极；共 e 极；共 e 极、共 b 极；共 c 极；共 c 极；共 c 极；共 b 极；共 e 极。

题型变换一：三种基本放大电路中电压放大系数近似为 1 的是_____。

① 共 e 极放大电路　　　　　② 共 c 极放大电路

③ 共 b 极放大电路　　　　　④ 无法确定

答案：②

题型变换二：共 c 极放大电路的主要特点是_____。（多重选择）

① 电压放大系数最大

② 输出电压与输入电压相位相同

③ 输出电压近似等于输入电压

④ 输入电阻大

⑤ 输出电阻小

答案：②、③、④、⑤

例 10　放大电路如图 2 - 4(a)所示，为使电压放大倍数提高，可以_____。（多重选择）

① 增大 R_c　　② 增大 R_L　　③ 减小 R_{b2}　　④ 增大 R_{b1}　　⑤ 减小 R_e

答案：①、②、③、④、⑤

此题①、②比较明显，而对③、④、⑤的判断读者一般容易出错，③、④、⑤是通过 r_{be} 影响放大倍数的

$$A_u = -\frac{\beta R_L^{'}}{r_{be}}$$

$$r_{be} = r_{bb'} + (1+\beta)\frac{26}{I_{EQ}}$$

凡能影响 I_{EQ} 上升的均可使 A_u 上升；而 R_{b2}、R_e 的下降，R_{b1} 的增大，均能使 r_{be} 减小，从而 A_u 提高。

例 11　放大电路如图 2 - 10 所示，晶体管 $\beta=40$，$r_{be}=0.8\ \text{k}\Omega$，$U_{BE}=0.7\ \text{V}$，各电容均足够大。试求：

(1) 静态工作点；

(2) 画出微变等效电路，求电压放大倍数 $A_u = \dfrac{U_o}{U_i}$；

(3) 求输入电阻 r_i，输出电阻 r_o；

(4) 求源电压放大倍数 $A_{us} = \dfrac{U_o}{U_s}$；

(5) 求最大不失真输出电压幅值（设饱和压降 $U_{CES}=0.3\ \text{V}$）。

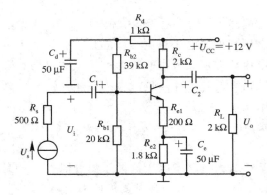

图 2 - 10　例 11 电路图

解：(1)

$$U_B = \frac{R_{b1}}{R_{b1} + R_d + R_{b2}} U_{CC} = \frac{20}{60} \times 12 = 4\ \text{V}$$

$$U_E = U_B - U_{BE} = 4 - 0.7 = 3.3\ \text{V}$$

$$I_{CQ} \approx I_{EQ} = \frac{U_E}{R_{e1} + R_{e2}} = \frac{3.3}{2} \times 10^{-3} = 1.65\ \text{mA}$$

$$I_{BQ} = \frac{I_{EQ}}{1+\beta} = \frac{1.65}{41} \approx 40\ \mu\text{A}$$

$$U_{\text{CEQ}} \approx U_{\text{CC}} - I_{\text{C}}(R_{\text{c}} + R_{\text{e1}} + R_{\text{e2}}) = 12 - 16.5 \times 4 = 5.4 \text{ V}$$

（2）微变等效电路如图 2 – 11 所示。（注意电阻 R_{d} 对交流而言两头均接地，故微变等效电路中无 R_{d}）。

由等效电路可求出：

$$A_{\text{u}} = -\frac{\beta R_{\text{L}}'}{r_{\text{be}} + (1+\beta)R_{\text{e1}}} = -\frac{40}{0.8 + 41 \times 0.2} = -\frac{40}{9} \approx -4.4$$

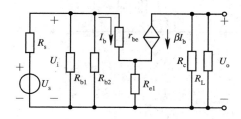

图 2 – 11　例 11 微变等效电路

（3）

$$r_{\text{i}} = R_{\text{b1}} \mathbin{/\mkern-5mu/} R_{\text{b2}} \mathbin{/\mkern-5mu/} [r_{\text{be}} + (1+\beta)R_{\text{e1}}] = 20 \mathbin{/\mkern-5mu/} 39 \mathbin{/\mkern-5mu/} 9 = 5.36 \text{ k}\Omega$$

$$r_{\text{o}} = R_{\text{c}} = 2 \text{ k}\Omega$$

（4）$A_{\text{us}} = \dfrac{r_{\text{i}}}{R_{\text{s}} + r_{\text{i}}} A_{\text{u}} = \dfrac{5.36}{0.5 + 5.36} \times (-4.4) \approx -4$

（5）考虑截止失真的限制

$$U_{\text{om}}' = I_{\text{CQ}} R_{\text{L}}' = 1.65 \text{ V}$$

考虑饱和失真的限制

$$U_{\text{om}}'' = \frac{R_{\text{L}}'}{R_{\text{L}}' + R_{\text{e1}}}(U_{\text{CEQ}} - U_{\text{CES}})$$

$$= \frac{1}{1 + 0.2}(5.4 - 0.3)$$

$$= 4.25 \text{ V}$$

故 $U_{\text{om}} = U_{\text{om}}' = 1.65$ V。

例 12　直接耦合放大电路的特点是_____。（多项选择）

① 工作点互相独立

② 便于集成

③ 存在零点漂移

④ 能放大变化缓慢的信号

⑤ 不便调整

答案：②、③、④、⑤

例 13　二级放大电路如图 2 – 12 所示，写出电压放大倍数 A_{u}、输入电阻 r_{i}、输出电阻 r_{o} 的表达式。已知 $\beta_1 = \beta_2 = 50$，$r_{\text{be1}} = 1.6$ kΩ，$r_{\text{be2}} = 1.3$ kΩ。

（1）求电压放大倍数 A_{u}。

（2）求 r_{i}、r_{o}。

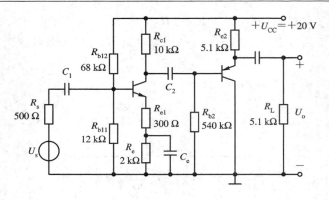

图 2 - 12　例 13 图

解：（1）
$$A_u = A_{u1} \cdot A_{u2}$$

$$A_{u1} = \frac{-\beta R'_{L1}}{r_{be1} + (1+\beta)R_{e1}}$$

$$R'_{L1} = R_{c1} /\!/ r_{i2} = R_{c1} /\!/ [r_{be2} + (1+\beta)R'_{e2}] /\!/ R_{b2}$$

$$R'_{e2} = R_{e2} /\!/ R_L = 2.55 \text{ k}\Omega$$

则
$$R'_{L1} = 10 /\!/ [1.3 + 51 \times 2.55] /\!/ 540 \approx 9.1 \text{ k}\Omega$$

$$A_{u1} = -\frac{50 \times 9.1}{1.6 + 51 \times 0.3} \approx -27$$

$$A_{u2} = \frac{(1+\beta)R'_{e2}}{r_{be2} + (1+\beta)R'_{e2}} = 0.99$$

$$A_u = A_{u1} \cdot A_{u2} = (-27) \times 0.99 = -26.7$$

（2）
$$r_i = r_{i1} = R_{b12} /\!/ R_{b11} /\!/ [r_{be1} + (1+\beta)R_{e1}]$$
$$= 68 /\!/ 12 /\!/ [1.6 + 51 \times 0.3] = 68 /\!/ 12 /\!/ 16.9$$
$$= 6.36 \text{ k}\Omega$$

$$r_o = R_{e2} /\!/ \frac{R' + r_{be2}}{1+\beta}$$

$$R' = R_{c1} /\!/ R_{b2} = 10 /\!/ 540 \approx 10 \text{ k}\Omega$$

$$r_o = 5.1 /\!/ \frac{10 + 1.6}{51} = 5.1 /\!/ 0.227 \approx 217 \text{ }\Omega$$

例 14　两级共 e 极放大电路，其输入电阻分别为 r_{i1}、r_{i2}，则组成二级放大电路的输入电阻为_____。

① $r_i = r_{i1}$　　② $r_i = r_{i2}$　　③ $r_i = r_{i1} + r_{i2}$　　④ $r_i = r_{i1} r_{i2}$

答案：①

2.3　思考题和习题解答

1. 放大电路组成原则有哪些？利用这些原则分析图 2 - 13 各电路能否正常放大，并说明理由。

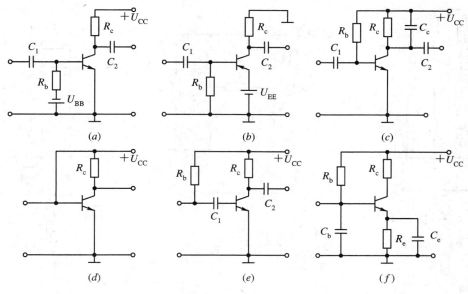

图 2 - 13 题 1 图

答：组成放大电路的原则为：

① 放大器即三极管必须工作在放大区，即 e 结正向运用，c 结反向运用。

② 输入信号应加至 e 结。

③ 保证有电压输出。

按上述原则可判定本题所给电路，其结果如下：

图 (a) 不能放大，因为是 NPN 三极管，所加电压 U_{BB} 不满足①的要求，e 结反向偏置了。

图 (b) 可以放大信号。

图 (c) 不能放大信号。因为电容 C_c 输出交流短路了，不满足③。

图 (d) 不能放大信号，因为 b 极电位高于 c 极，c 结正向偏置，不满足条件①，同时输入短路线通过直流电源将输入端信号短路了，不满足条件②。

图 (e) 不能放大信号。因为电容 C_1 将直流隔离了，不能保证发射结正向运用，即条件①不满足。

图 (f) 不能放大信号。因为电容 C_b 将信号在输入端短路，所以不满足条件②。

2. 什么是静态工作点？如何设置静态工作点？如静态工作点设置不当会出现什么问题？

答：输入信号 $U_i = 0$ 时，放大电路的工作状态（即直流状态）即为静态工作点，包含三极管的基极直流电流 I_{BQ}、集电极直流电流 I_{CQ} 和集电极与射极间的直流压降 U_{CEQ}。工作点一般应设置在负载线的中间，保证信号正半周时三极管不进入饱和状态；信号负半周时三极管不进入截止状态，即不产生非线性失真。

静态工作点设置不当，会产生非线性失真。工作点过高产生饱和失真；工作点过低产生截止失真。

3. 估算静态工作点时，应该根据放大电路的直流通路还是交流通路进行估算？

答：静态工作点即直流工作状态，所以应根据直流通路确定直流工作点。

4. 分别画出图 2 - 14 中各电路的直流通路和交流通路。（假设电容对交流视为短路，电感视为开路，变压器为理想变压器。）

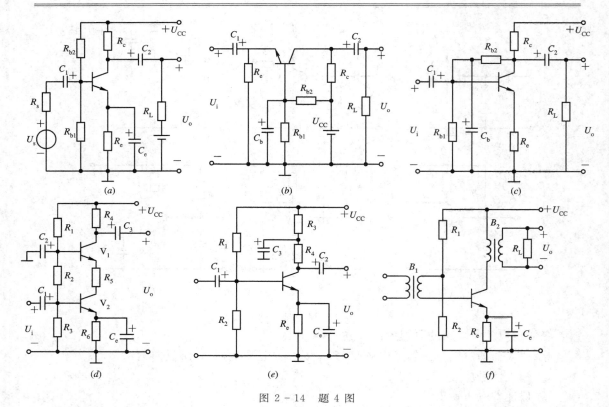

图 2-14　题 4 图

解：画直流通路时，将电容视为开路，电感、变压器视为短路；画交流通路时，将电容视为短路、直流电源置零。其直流通路如图 2-15 所示，交流通路如图 2-16 所示。

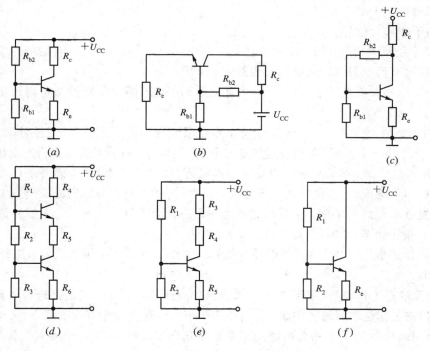

图 2-15　题 4 直流通路

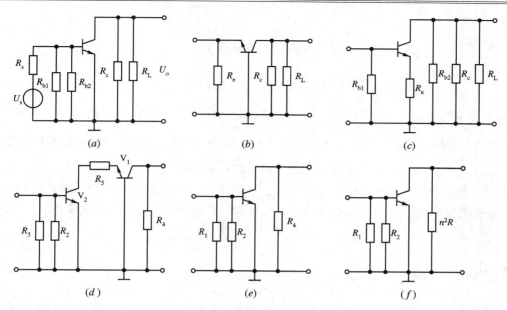

图 2 - 16　题 4 交流通路

5. 试求图 2 - 17 各电路中的静态工作点(设图中所有三极管都是硅管,$U_{BE}=0.7$ V)。

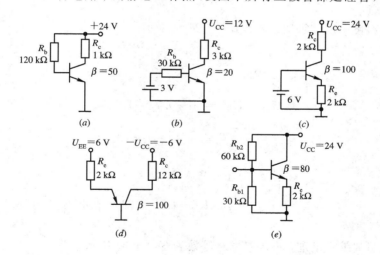

图 2 - 17　题 5 图

解:

图 2 - 17(a)中,　　$I_{BQ}=\dfrac{U_{CC}-U_{BE}}{R_b}=\dfrac{24-0.7}{120\times10^3}\approx0.194$ mA (或 0.2 mA)

$$I_{CQ}=\beta I_{BQ}=50\times0.194\approx9.7 \text{ mA (或 10 mA)}$$

$$U_{CEQ}=U_{CC}-I_{CQ}R_c=24-9.7\times1=14.3 \text{ V (或 14 V)}$$

图 2 - 17(b)中,由于发射结反向偏置,所以

$$I_{BQ}=0;\quad I_{CQ}=0;\quad U_{CEQ}=12 \text{ V}$$

图 2 - 17(c)中,由基极回路得

$$6 \text{ V}=U_{BE}-I_{EQ}R_e$$

所以

$$I_{EQ} = \frac{6-0.7}{2} = 2.65 \text{ mA（或 3 mA）}$$

$$I_{BQ} = \frac{I_{EQ}}{1+\beta} = 0.026 \text{ mA（或 0.0297 mA）}$$

$$U_{CEQ} \approx U_{CC} - I_{EQ}(R_c + R_e) = 24 - 2.65 \times 4 = 13.4 \text{ V（或 12 V）}$$

图 2-17(d)，$I_{EQ} = \dfrac{U_{EE} - U_{EB}}{R_e} = \dfrac{6-0.7}{2} = 2.65 \text{ mA} \approx I_{CQ}$（假设三极管工作在放大状态）

$$U_{CEQ} = -(U_{EE} + U_{CC}) + I_{CQ}(R_c + R_e) = -12 + 37.1 = +25.1 \text{ V}$$

该结果显然不合理，电阻上的压降不可能大于回路中的电源电压。这说明该管已进入饱和区。此时的管压降 $U_{CE} = U_{CES} = -0.3$ V，故该管的集电极电流只能由下式求出：

$$I_C = I_{CS} \approx \frac{U_{EE} + U_{CC} + U_{CES}}{R_c + R_e} \approx 0.8 \text{ mA}$$

而基极电流为

$$I_B = 2.65 - 0.8 = 1.85 \text{ mA}$$

注意：三极管各极间电流关系为 $I_{CQ} = \beta I_B$ 和 $I_{CQ} \approx I_{EQ}$，只有三极管工作在放大状态时才满足此关系式；而 $I_E = I_C + I_B$ 任何时候均成立。故该不合理结果是在假设三极管处于放大状态下得出的。

图 2-17(e)可采用估算法或用戴维宁定理法来求。

① 估算法：

$$U_{BB} = \frac{R_{b1}}{R_{b2} + R_{b1}} U_{CC} = \frac{30}{60+30} \times 24 = 8 \text{ V}$$

$$U_{R_e} = U_{BB} - U_{BE} = 8 - 0.7 = 7.3 \text{ V}$$

$$I_{EQ} = \frac{U_{R_e}}{R_e} = \frac{7.3}{2} = 3.65 \text{ mA} \approx I_{CQ}$$

$$I_{BQ} = \frac{I_{EQ}}{1+\beta} = 0.045 \text{ mA}$$

$$U_{CEQ} = U_{CC} - I_{CQ}(R_c + R_e) = 24 - 3.65 \times 2 = 16.7 \text{ V}$$

② 戴维宁定理法：

原电路利用戴维宁定理，将基级电路等效为图 2-18 所示电路。

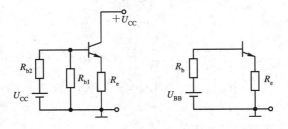

图 2-18 题 5 图(e)的基极等效电路

图 2-18 中，

$$R_b = R_{b2} \mathbin{/\!/} R_{b1} = 20 \text{ k}\Omega$$

$$U_{BB} = \frac{R_{b1}}{R_{b1} + R_{b2}} U_{CC} = 8 \text{ V}$$

由等效的基极电路得

$$I_{BQ} = \frac{U_{BB} - U_{BE}}{R_b + (1+\beta)R_e} = \frac{7.3}{20 + 162} = 0.040 \text{ mA}$$

$$I_{CQ} = \beta I_{BQ} = 80 \times 0.04 = 3.2 \text{ mA}$$

$$U_{CEQ} = U_{CC} - I_{CQ}(R_c + R_e) = 24 - 6.4 = 17.6 \text{ V}$$

显然，两种方法所得结果有差别，后者较精确，前者相对简单，工程上常用前者即估算法。后面我们均用估算法。

6. 放大电路如图 2 - 19 所示，其中 $R_b = 120$ kΩ，$R_c = 1.5$ kΩ，$U_{CC} = 16$ V。三极管为 3AX21，它的 $\beta \approx \overline{\beta} = 40$，$I_{CBO} \approx 0$。

(1) 求静态工作点 I_{BQ}、I_{CQ}、I_{CEQ}。

(2) 如果将三极管换成一只 $\beta = 80$ 的管子，工作点将如何变化？

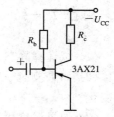

图 2 - 19　题 6 图

解：(1) 该放大电路是 PNP 电路，求解方法与 NPN 电路一样，电流方向按实际方向。

$$I_{BQ} = \frac{U_{CC} - U_{EB}}{R_b} = \frac{16 - 0.2}{120} = 0.13 \text{ mA}$$

$$I_{CQ} = \beta I_{BQ} = 40 \times 0.13 = 5.2 \text{ mA}$$

$$U_{CEQ} = -U_{CC} + I_{CQ}R_c = -16 + 7.8 = -8.1 \text{ V}$$

(2) 如管子换为 $\beta = 80$ 的，I_{BQ} 不变，而

$$I_{CQ} = 80 \times 0.13 = 10.4 \text{ mA}$$

$$U_{CEQ} = -16 + 15.6 = -0.4 \text{ V}$$

由此说明，该电路静态工作点随管子的 β 变化。

7. 放大电路如图 2 - 20 所示。

(1) 设三极管 $\beta = 100$，试求静态工作点 I_{BQ}、I_{CQ}、U_{CEQ}。

(2) 如果要把集—射压降 U_{CE} 调整到 6.5 V，则 R_b 应调到什么值？

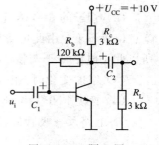

图 2 - 20　题 7 图

解：(1) 分析从 $+U_{CC} \to R_c \to R_b \to$ 基极 $\to$ 发射极到回路方程，有

$$U_{CC} = (I_{CQ} + I_{BQ})R_c + I_{BQ}R_b + U_{BE}$$

考虑到 $I_{EQ} = I_{CQ} + I_{BQ} = (1+\beta)I_{BQ}$，将其代入上式并整理得

$$I_{BQ} = \frac{U_{CC} - U_{BE}}{R_b + (1+\beta)R_c} = \frac{10 - 0.7}{120 + 100 \times 3} = 0.022 \text{ mA}$$

$$I_{CQ} = \beta I_{BQ} = 2.2 \text{ mA}$$

$$U_{CEQ} = U_{CC} - I_{CQ}R_c = 10 - 2.2 \times 3 = 3.4 \text{ V}$$

(2) 由电路有

$$U_{R_c} = U_{CC} - U_{CE} = 10 - 6.5 = 3.5 \text{ V} \quad (U_{R_c} \text{ 为电阻 } R_c \text{ 上的压降})$$

$$U_{R_c} = (1+\beta)I_{BQ} \cdot R_c$$

$$I_{BQ} = \frac{U_{R_c}}{R_c(1+\beta)} \approx 0.012 \text{ mA}$$

$$R_b = \frac{U_{CE} - U_{BE}}{I_{BQ}} = \frac{6.5 - 0.7}{0.012} = 480 \text{ k}\Omega$$

所以

$$(1 + \beta) \frac{U_c - U_{BE}}{R_b} \cdot R_c = 3.5 \text{ V}$$

解得 $R_b \approx 502$ kΩ。

8. 图 2 – 21 中已知 $R_{b1} = 10$ kΩ，$R_{b2} = 51$ kΩ，$R_c = 3$ kΩ，$R_e = 500$ Ω，$R_L = 3$ kΩ，$U_{CC} = 12$ V，3DG4 的 $\beta = 30$。

(1) 试计算静态工作点 I_{BQ}、I_{CQ}、I_{CEQ}。

(2) 如果换上一只 $\beta = 60$ 的同类管子，工作点将如何变化？

(3) 如果温度由 10℃ 升至 50℃，试说明 U_{CQ} 将如何变化。

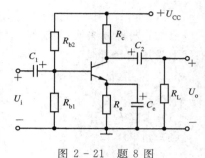

图 2 – 21 题 8 图

(4) 换上 PNP 三极管，电路将如何改动？

解：(1)

$$U_B = \frac{R_{b1}}{R_{b2} + R_{b1}} U_{CC} = \frac{10}{51 + 10} \times 12 \approx 2 \text{ V}$$

$$U_{R_e} = U_B - U_{BE} = 2 - 0.7 = 1.3 \text{ V}$$

$$I_{CQ} \approx I_{EQ} = \frac{U_{R_e}}{R_e} = \frac{1.3}{0.5} = 2.6 \text{ mA}$$

$$U_{CEQ} = U_{CC} - I_{CQ}(R_c + R_e) = 12 - 2.6 \times 3.5 = 2.9 \text{ V}$$

(2) 管子的 $\beta = 60$，它不影响 I_{CQ} 值和 U_{CEQ} 值，仅改变 I_{BQ} 值。所以在 $U_{CE} \sim I_C$ 坐标中，Q 点位置不变。由此可看出该电路不仅对温度的影响有稳定作用，对 β 的适应性也较强，所以此类电路便于调整。

(3) 温度变化时，由于 R_e 对工作点有稳定作用，所以 U_c 基本不变。

(4) 换上 PNP 后电路改动如下：电源 $+U_{CC}$ 改为 $-U_{CC}$，电容 C_1、C_2、C_e 的极性要反过来。

9. 电路及三极管的输出特性如图 2 – 22(a)、(b) 所示。

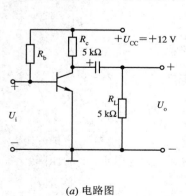

(a) 电路图

(b) 输出特性

图 2 – 22 题 9 图

（1）作出直流负载线；

（2）确定 R_b 分别为 10 MΩ、560 kΩ 和 150 kΩ 时的 I_{CQ}、U_{CEQ} 值。

（3）当 $R_b = 560$ kΩ，R_c 改为 20 kΩ 时，Q 点将发生什么样的变化？三极管工作状态有无变化？

解：（1）直流负载线方程如下：

$$U_{CE} = U_{CC} - I_C R_c$$

$I_C = 0$，$U_{CE} = U_{CC} = 12$ V，得 M 点；

$U_{CE} = 0$，$I_C = \dfrac{U_{CC}}{R_c} = 2.4$ mA，得 N 点。

连接 MN 点得直流负载线如图 $2-23$ 所示。

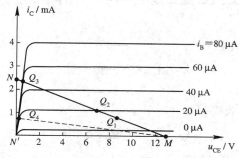

图 $2-23$ 直流负载线

（2）求出 R_b 为不同值时的 I_{BQ} 值，再由图上读出直流负载线与其交点，即得 Q 点，读出 I_{CQ} 和 U_{CEQ}。

$$R_b = 1 \text{ M}\Omega \qquad I_{BQ} = \frac{U_{CC} - U_{BE}}{R_b} = \frac{12 - 0.7}{10^6} \approx 12 \text{ μA}$$

与直流负载线交与 Q_1 点，读出 $I_{CQ} = 0.7$ mA，$U_{CEQ} = 8.5$ V。

$$R_b = 560 \text{ k}\Omega \qquad I_{BQ} = \frac{12 - 0.7}{560 \times 10^3} \approx 20 \text{ μA}$$

与直流负载线交与 Q_2 点，$I_{CQ} = 1$ mA，$U_{CEQ} = 7$ V。

$$R_b = 150 \text{ k}\Omega \qquad I_{BQ} = \frac{12 - 0.7}{150 \times 10^3} = 75 \text{ μA}$$

与直流负载线交于 Q_3 点，显然已进入饱和区，$I_{CQ} \approx 2.3$ mA，$U_{CEQ} = 0.3$ V。

（3）R_c 为 20 kΩ 时，直流负载线将发生变化，M 点不变，而 N 点变为 N' 点，$I_C = \dfrac{U_{CC}}{R_c}$ $= \dfrac{12}{20} = 0.6$ mA，与 $I_{BQ} = 20$ μA 曲线的交点为 Q_4。显然电路工作状态也进入饱和区，$I_{CQ} \approx 0.6$ mA，$U_{CEQ} \approx 0.2$ V。

由此题可看出 Q 点与 R_b 和 R_c 的关系。

10. 图 $2-24(a)$ 电路中三极管的输出特性如图 $2-24(b)$ 所示。

（1）试画出交、直流负载线；

（2）求出电路的最大不失真输出电压 U_{om}（有效值）；

（3）若增大输入正弦波电压 U_i，电路将首先出现什么性质的失真？输出波形的顶部还是底部将发生失真?

(4) 在不改变三极管和电源电压 U_{CC} 的前提下,为了提高 U_{om},应该调整电路中哪个参数? 增大还是减小?

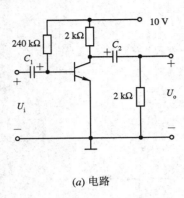

(a) 电路

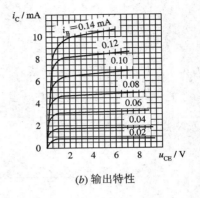

(b) 输出特性

图 2-24 题 10 图

解:

(1) 首先作出直流负载线。

$$U_{CE} = U_{CC} - I_C R_c$$

$I_C=0$,$U_{CE}=U_{CC}=10$ V,得 M 点;$U_{CE}=0$,$I_C=\dfrac{U_{CC}}{R_c}=5$ mA,得 N 点。连接 MN 点得直流负载线,如图 2-25 中的 MN 线。

然后求出 I_{BQ} 值,其对应的特性曲线与直流负载线的交点即为 Q 点。

$$I_{BQ} = \frac{U_{CC} - U_{BE}}{R_b} = \frac{10 - 0.7}{240 \times 10^3} \approx 0.047 \text{ mA}$$

最后,作交流负载线,可通过两种方法作出交流负载线。

方法 1:点斜式。已知交流负载线必通过 Q 点,又知其交流负载 $R'_L=R_L /\!/ R_c=1$ kΩ,即已知交流负载线的斜率。为此作出辅助线 $\dfrac{U_{CE}}{I_C}=1$ kΩ,如图 2-25 中 $M'N'$ 线;过 Q 点作 $M'N'$ 的平行线即得交流负载线,如图 2-25 中 QP 线。

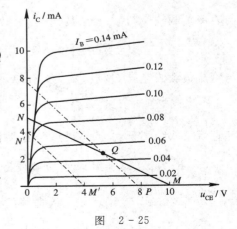

图 2-25

方法 2:两点式。已知一点即 Q 点,再得另一点即可。

$$OP = U_{CEQ} + I_{CQ} R'_L = 5 + 2.5 = 7.5 \text{ V}$$

这样即得到 P 点,连接 QP 即得交流负载线。

(2) 由图 2-25 中交流负载线可看出输出电压受截止限制。由图 2-25 中读出 $U_{om}=2.5$ V,或由公式 $U_{om}=I_{CQ} \cdot R'_L=2.5$ V 确定。

(3) U_i 增大,由图可看出,首先将进入截止区,所以产生顶部失真。

(4) 为使 U_{om} 增大,可采用下述两种方法:

① 使 Q 点提高，减小 R_b 即可。

② 使 R_L 增大，使交流负载线尽可能与直流负载线相近。

11. 在调试放大电路的过程中，对于图 2-26(a)所示放大电路，当输入是正弦波时，曾出现过如图 2-26(b)、(c)、(d)所示三种不正常的输出电压波形。试判断这三种情况是分别产生了什么失真，应如何调整电路参数才能消除失真？

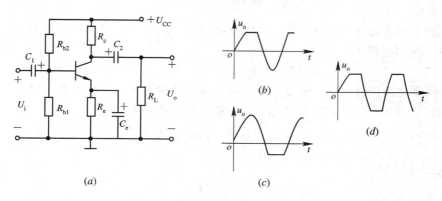

图 2-26　题 11 图

答：图(b)是截止失真，可通过减少 R_{b2} 或增加 R_{b1} 及减小 R_e，使 Q 点提高，以消除失真。

图(c)是饱和失真，可通过增加 R_{b2} 或增加 R_e 或减小 R_{b1} 来消除失真。

图(d)是双向失真，正半周进入饱和区，负半周进入截止失真区，说明工作点适中，是由于信号过大引起失真，可通过减小输入信号来消除失真。

12. 图 2-27 中，设 $R_b = 300$ kΩ，$R_c = 2.5$ kΩ，$U_{BE} = 0.7$ V，C_1、C_2 的容抗可忽略不计，$\beta = 100$，$r'_{bb} = 300$ Ω。

(1) 试计算该电路的电压放大系数 A_u。

(2) 若将输入信号幅值加大，在示波器上观察输出波形时，将首先出现哪一种形式的失真？

(3) 电阻调整合适，在输出端用电压表测出的最大不失真电压的有效值是多少？

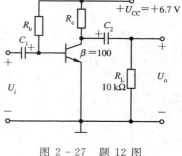

图 2-27　题 12 图

解：

(1)
$$A_u = -\frac{\beta R'_L}{r_{be}}$$

其中
$$R'_L = R_c \mathbin{/\mkern-5mu/} R_L = 2 \text{ kΩ};$$

$$r_{be} = r_{bb'} + (1+\beta)\frac{26}{I_{EQ}}$$

为此应先求直流电流 I_{CQ}。

$$I_{BQ} = \frac{U_{CC} - U_{BE}}{R_b} = \frac{6.7 - 0.7}{300 \times 10^3} = 0.02 \text{ mA}$$

$$I_{CQ} = \beta I_{BQ} = 100 \times 0.02 = 2 \text{ mA}$$

$$U_{CEQ} = U_{CC} - I_{CQ}R_c = 6.7 - 2 \times 2.5 = 1.7 \text{ V}$$

故

$$r_{be} = 300 + 101 \times 13 \approx 1.6 \text{ k}\Omega$$

所以

$$A_u = -\frac{100 \times 2}{1.6} = -125$$

(2) 由上求出直流工作点，可看出其 Q 点过高，$U_{CEQ} = 1.7 \text{ V}$，接近饱和区，故输出电压的最大不失真电压为

$$U_{om} = U_{CEQ} - U_{CES} = 1.7 - 0.3 = 1.4 \text{ V}$$

(3) 所谓电阻调整合适，即 Q 点在交流负载线的中点处，当输入信号增加时，分别在正负半周进入饱和和截止状态的边沿。如忽略饱和压降，有

$$I_{CQ} = \frac{1}{2}\frac{U_{CC}}{R_c} = 1.34 \text{ mA}$$

则输出电压幅度为

$$U_{om} = I_{CQ}R_L^{'} = 1.34 \times 2 = 2.68 \text{ V}$$

有效值

$$U_o = \frac{1}{\sqrt{2}} \times U_{om} = 1.88 \text{ V}$$

13. 电路如图 2-28 所示，设耦合电容和旁路电容的容量均足够大，对交流信号可视为短路。

(1) 求 $A_u = \dfrac{U_o}{U_i}$、r_i、r_o；

(2) 求 $A_{us} = \dfrac{U_o}{U_s}$；

(3) 如将 R_{b2} 逐渐减小，将会出现什么性质的非线性失真？画出波形图。

解：由于求 A_u、r_i 时必先求出 r_{be}，而 r_{be} 又与直流工作电流 I_{EQ} 有关，所以应先求直流电流。

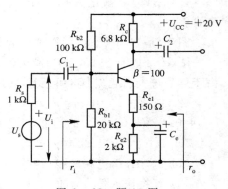

图 2-28　题 13 图

$$U_B = \frac{R_{b1}}{R_{b2} + R_{b1}}U_{CC} = \frac{20}{100 + 20} \times 20 \approx 3.3 \text{ V}$$

$$U_{R_e} = U_B - U_{BE} = 3.3 - 0.7 = 2.6 \text{ V}$$

$$I_{EQ} = \frac{U_{R_e}}{R_e} = \frac{2.6}{2.15} \approx 1.2 \text{ mA}$$

$$r_{be} = r_{bb'} + (1 + \beta)\frac{26}{I_{EQ}} = 300 + 101 \times \frac{26}{1.2} \approx 2.5 \text{ k}\Omega$$

(1)

$$A_u = -\frac{\beta R_L^{'}}{r_{be} + (1 + \beta)R_{e1}} = -\frac{100 \times 6.8}{2.5 \times 101 \times 0.15} \approx -38.5$$

$$r_i = R_{b2} /\!/ R_{b1} /\!/ [r_{be} + (1 + \beta)R_{e1}]$$

$$= 100 /\!/ 20 /\!/ 17.65 \approx 8.57 \text{ k}\Omega$$

$$r_o = R_c = 6.8 \text{ k}\Omega$$

（2）

$$A_{us} = \frac{r_i}{R_s + r_i} A_u$$
$$= \frac{8.57}{1 + 8.57} \times (-38.5) \approx -34.5$$

（3）R_{b2} 减小，Q 点上升，所以首先出现饱和失真，波形关系如图 2 - 29 所示。

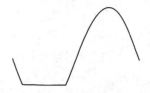

图 2 - 29　题 13 波形图

14. 电路如图 2 - 30 所示，画出放大电路的微变等效电路，写出电压放大倍数 $A_{u1} = \dfrac{U_{o1}}{U_i}$、$A_{u2} = \dfrac{U_{o2}}{U_i}$ 的表达式，并画出当 $R_c = R_e$ 时的输出电压 U_{o1}、U_{o2} 的波形（输入 U_i 为正弦波，时间关系对齐）。

解：其微变等效电路如图 2 - 31(a) 所示。

$$A_{u1} = -\frac{\beta R_c}{r_{be} + (1 + \beta) R_e}$$
$$A_{u2} = \frac{(1 + \beta) R_e}{r_{be} + (1 + \beta) R_e}$$

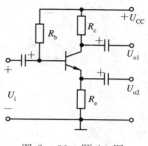

图 2 - 30　题 14 图

当 $R_c = R_e$ 时 U_{o1} 与 U_{o2} 的波形大小相等，方向相反。此电路常常称为分离倒相电路，其波形图如图 2 - 31(b) 所示。

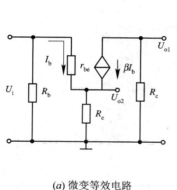

(a) 微变等效电路

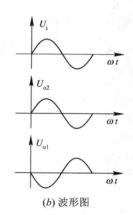

(b) 波形图

图　2 - 31

15. 图 2 - 32(a) 所示为射极输出器，设 $\beta = 100$，$U_{BE} = 0.7$ V，$r_{bb'} = 300$ Ω。

（1）求静态工作点。

（2）画出中频区微变等效电路。

（3）$R_L \to \infty$ 时，电压放大系数 A_u 为多少？$R_L = 1.2$ kΩ 时，A_u 又为多大？

（4）分别求出 $R_L \to \infty$、$R_L = 1.2$ kΩ 时的输入电阻。

（5）求输出电阻 r_o。

解：

（1）
$$I_{BQ} = \frac{U_{CC} - U_{BE}}{R_b + (1 + \beta) R_e} = \frac{12 - 0.7}{560 + 101 \times 5.6} = 0.011 \text{ mA}$$

$$I_{CQ} = \beta I_{BQ} = 100 \times 0.011 = 1.1 \text{ mA}$$
$$U_{CEQ} = U_{CC} - I_C R_e = 12 - 1.1 \times 5.6 = 5.84 \text{ V}$$

（2）微变等效电路如图 2 - 32(b)所示。

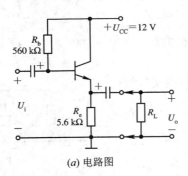 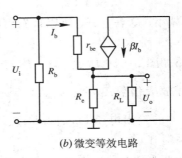

(a) 电路图　　　　　　　　　　(b) 微变等效电路

图　2 - 32

（3）
$$A_u = \frac{(1+\beta)R_e'}{r_{be} + (1+\beta)R_e'}$$

其中
$$r_{be} = r_{bb'} + (1+\beta)\frac{26}{I_{EQ}} = 300 + 101 \times \frac{26}{1.1} \approx 2.7 \text{ k}\Omega$$

$$R_e' = R_e \;/\!/\; R_L$$

$R_L \rightarrow \infty$ 时，
$$R_e' = R_e = 5.6 \text{ k}\Omega$$
$$A_u = \frac{101 \times 5.6}{2.7 + 101 \times 5.6} = 0.995$$

$R_L = 1.2 \text{ k}\Omega$ 时，
$$R_e' = 5.6 \;/\!/\; 1.2 \approx 0.99 \text{ k}\Omega$$
$$A_u = \frac{101 \times 0.99}{2.7 \times 101 \times 0.99} = 0.97$$

（4）输入电阻
$$r_i = R_b \;/\!/\; r_i'$$
其中
$$r_i' = r_{be} + (1+\beta)R_e'$$

$R_L \rightarrow \infty$ 时，
$$r_i' = 2.7 + 101 \times 5.6 = 568.3 \text{ k}\Omega$$
则
$$r_i = R_b \;/\!/\; r_i' = 560 \;/\!/\; 568.3 = 282.1 \text{ k}\Omega$$

$R_L \rightarrow 1.2 \text{ k}\Omega$ 时，$R_e' = 5.6 \;/\!/\; 1.2 = 0.99 \text{ k}\Omega$
$$r_i' = 2.7 \times 101 \times 0.99 = 102.69 \text{ k}\Omega$$
$$r_i = 560 \;/\!/\; 102.69 \approx 86.8 \text{ k}\Omega$$

（5）
$$r_o = R_e \;/\!/\; \frac{R_s' + r_{be}}{1+\beta}$$
其中
$$R_s' = R_b \;/\!/\; R_s \approx 1 \text{ k}\Omega$$
所以
$$r_o = 5.6 \;/\!/\; \frac{1 + 2.7}{101} = 5.6 \;/\!/\; 0.037 \approx 0.037 \text{ k}\Omega$$

16. 共基极放大电路如图 2 - 33 所示，已知 $U_{CC}=15$ V，$\beta=100$，$U_{BE}=0.7$ V，$r_{bb'}=300$ Ω，试求：

（1）静态工作点。

（2）电压放大系数 $A_u=\dfrac{U_o}{U_i}$ 和 r_i、r_o。

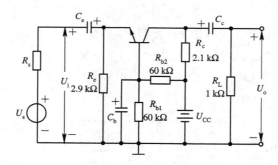

图 2 - 33　题 16 图

（3）若 $R_s=50$ Ω，$A_{us}=\dfrac{U_o}{U_s}=?$

解：

（1）
$$U_B=\frac{R_{b1}}{R_{b1}+R_{b2}}U_{CC}=7.5 \text{ V}$$

$$U_{R_e}=U_B-U_{BE}=7.5-0.7=6.8 \text{ V}$$

$$I_{EQ}=\frac{U_{R_e}}{R_e}=\frac{6.8}{2.9}\approx2.3 \text{ mA}$$

$$U_{CEQ}=U_{CC}-I_{CQ}(R_c+R_e)=15-2.3\times5=3.5 \text{ V}$$

（2）
$$A_u=\frac{\beta R_L^{'}}{r_{be}}$$

其中

$$r_{be}=r_{bb'}+(1+\beta)\frac{26}{I_{EQ}}=300+101\times\frac{26}{2.3}=1.4 \text{ k}\Omega$$

$$A_u=\frac{100(2.1/\!/1)}{1.4}=48.4$$

$$r_i=R_e/\!/\frac{r_{be}}{1+\beta}=2.9/\!/\frac{1.4}{101}\approx14 \text{ }\Omega$$

（3）
$$A_{us}=\frac{r_i}{R_s+r_i}A_u=\frac{14}{50+14}\times48.4\approx10.6$$

17. 某放大电路，当输入直流电压为 10 mV 时，输出直流电压为 7 V；输入直流电压为 15 mV 时，输出直流电压为 6.5 V。它的电压放大倍数为＿＿＿＿＿。

解：
$$A_u=\frac{\Delta U_O}{\Delta U_I}=\frac{6.5-7}{15-10}\times10^{-3}=100$$

18. 有两个放大倍数相同的放大电路 A 和 B，分别对同一信号源信号进行放大，其输出电压分别为 $U_{oA}=5.2$ V，$U_{oB}=5$ V。由此可得出放大电路＿＿＿＿＿优于放大电路

_____。其原因是它的_____。((a)放大倍数大，(b)输入电阻大，(c)输出电阻小)

答案：A；B；输入电阻大(即(b)对)

19. _____耦合放大电路各级 Q 点互相独立，_____耦合放大电路温漂小，_____耦合放大电路能放大直流信号。

答：阻容、变压器；阻容、变压器；直接

20. 电路如图 2－34 所示，三极管的 β 均为 50，$r_{bb'}=300\ \Omega$。

(1) 求两级静态工作点 Q_1 和 Q_2，设 $U_{BE}=-0.2\ V$。

(2) 求总的电压放大倍数 A_u。

(3) 求 r_i 和 r_o。

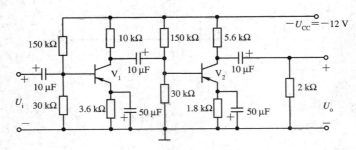

图 2－34　题 20 图

解：(1) 第一级 Q_1 点

$$U_{B1}=\frac{-30}{150+30}\times 12=-2\ V$$

$$U_{R_{e1}}=|U_{B1}-U_{BE}|=|-2+0.2|=1.8\ V$$

$$I_{E1}=\frac{U_{R_{e1}}}{R_{e1}}=\frac{1.8}{3.6}=0.5\ mA$$

$$U_{CE1}=-U_{CC}+I_C(R_c+R_e)=-10+0.5\times 13.6=-3.2\ V$$

第二级 Q_2 点

$$U_{B2}=-\frac{30}{150+30}\times 12=-2\ V$$

$$U_{R_{e2}}=|U_{B2}-U_{BE}|=1.8\ V$$

$$I_{E2}=\frac{1.8}{1.8}=1\ mA$$

$$U_{CE2}=-10+1\times 7.4=-2.6\ V$$

(2)

$$A_u=A_{u1}\cdot A_{u2}=-\frac{\beta R_{L1}'}{r_{be1}}\cdot\left(-\frac{\beta R_{L2}'}{r_{be2}}\right)$$

其中

$$r_{be1}=r_{bb'}+(1+\beta)\frac{26}{I_{E1}}\approx 2.95\ k\Omega\approx 3\ k\Omega$$

$$r_{be2}=r_{bb'}+(1+\beta)\frac{26}{I_{E2}}\approx 1.6\ k\Omega$$

$$R'_{L1} = R_{c1} \text{ // } r_{i2}$$

$$r_{i2} = 150 \text{ // } 30 \text{ // } 1.6 = 1.5 \text{ k}\Omega$$

所以

$$R'_{L1} = 10 \text{ // } 1.5 = 1.3 \text{ k}\Omega$$

$$R'_{L2} = 5.6 \text{ // } 2 \approx 1.5 \text{ k}\Omega$$

故

$$A_u = \frac{50 \times 1.3}{3} \cdot \frac{50 \times 1.5}{1.5} = 21.7 \times 50 = 1083$$

（3）

$$r_i = r_{i1} = 150 \text{ // } 30 \text{ // } 3 \approx 2.68 \text{ k}\Omega$$

$$r_o = r_{o2} = R_{c2} = 5.6 \text{ k}\Omega$$

21. 电路如图 $2-35$ 所示，其中三极管的 β 均为 100，且 $r_{be1} = 5.3$ kΩ，$r_{be2} = 6$ kΩ。

（1）求 r_i 和 r_o；

（2）分别求出当 $R_L = \infty$ 和 $R_L = 3.6$ kΩ 时的 A_{us}。

解：（1）

$$r_i = r_{i1} = R_b \text{ // } [r_{be1} + (1+\beta)R'_{e1}]$$

其中

$$R'_{e1} = R_{e1} \text{ // } r_{i2}$$

$$r_{i2} = R_{b2} \text{ // } R_{b1} \text{ // } r_{be2} = 91 \text{ // } 30 \text{ // } 6 \approx 4.7 \text{ k}\Omega$$

所以

$$R'_{e1} = 7.5 \text{ // } 4.7 = 2.9 \text{ k}\Omega$$

故

$$r_i = 1500 \text{ // } [5.3 + 101 \times 2.9] = 248.7 \text{ k}\Omega$$

$$r_o = R_{c2} = 12 \text{ k}\Omega$$

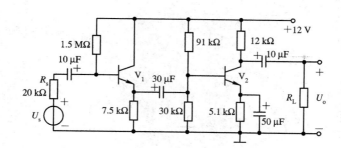

图 $2-35$ 题 21 图

（2）

$$A_u = A_{u1} \cdot A_{u2}$$

$$A_{u1} = \frac{(1+\beta)R'_{e1}}{r_{be1} + (1+\beta)R'_{e1}} \approx 1$$

$$A_{u2} = \frac{-\beta R'_{L2}}{r_{be2}}$$

其中 R'_{L2} 计算如下：

当 $R_L \to \infty$ 时

$$R'_{L2} = R_{c2} = 12 \text{ k}\Omega$$

$$A_{u2} = -\frac{100 \times 12}{6} = -200$$

当 $R_L = 3.6\ \text{k}\Omega$ 时

$$R'_{L2} = R_{c2} \mathbin{/\mkern-5mu/} R_L = 12 \mathbin{/\mkern-5mu/} 13.6 = 2.8\ \text{k}\Omega$$

$$A_{u2} = -\frac{100 \times 2.8}{6} = -46.7$$

所以，$R_L \rightarrow \infty$ 时

$$A_u = A_{u1} \cdot A_{u2} = -200$$

$R_L = 3.6\ \text{k}\Omega$ 时

$$A_u = A_{u1} \cdot A_{u2} = -46.7$$

22. 若某放大电路的电压放大倍数为 100，则换算为对数电压增益是多少分贝(dB)？另一放大电路的对数电压增益为 80 dB，则相当于电压放大倍数为多少？

解：

$$G_u = 20\ \lg A_u = 20\ \lg 100 = 40\ \text{dB}$$

当 $G_u = 80$ dB 时，则

$$80 = 20\ \lg A_u$$

$$\lg A_u = \frac{80}{20} = 4$$

所以

$$A_u = 10^4$$

第三章 频 率 特 性

所谓放大电路的频率特性，就是放大电路对不同频率的响应特性。本章介绍什么是线性失真以及频率失真和相位失真的概念，并对典型电路的频率特性进行分析。

频率特性是放大器的一个重要性能指标，特别是对于通信和音响设备，频率特性的优劣直接反映其质量的好坏。

通过本章的学习，要求读者：

（1）掌握频率特性的概念；

（2）了解影响频率特性的因素；

（3）了解放大器频率特性的分析方法；

（4）明确线性失真和非线性失真的区别。

3.1 本 章 小 结

3.1.1 频率特性的基本概念

由于放大电路存在电抗元件耦合电容 C_1、C_2 和旁路电容 C_e，以及电路的分布电容 C_0 和管子的极间电容，因而对不同频率其呈现的阻抗不同，因此放大电路对不同频率成分的放大倍数和相位移不同。放大倍数与频率的关系，称为幅频关系；相位与频率的关系，称为相频关系。

放大器放大的信号，经常是由不同频率成分组合而成，因此，放大器对不同频率放大倍数的不同将引起幅频失真；放大器对不同频率的相位移不同，将引起相频失真。上述失真统称为频率失真，由于它们是由线性元件引起的，故又常称为**线性失真**。

3.1.2 影响频率特性的因素

（1）低频段的频率响应，主要受耦合电容 C_1、C_2 和旁路电容 C_e 的影响。

（2）高频段的频率响应，主要受三极管的极间电容和电路分布电容 C_0 的影响。

3.1.3 上限频率 f_h 和下限频率 f_1

通常定义放大倍数下降到中频区放大倍数的 $\dfrac{1}{\sqrt{2}}$ 倍时所对应的频率为**截止频率**。如用分贝表示，对应截止频率的分贝数比中频区的分贝数下降 3 分贝，故截止频率又称为 3 分贝频率。低频段的截止频率称为**下限频率** f_l，高频段的截止频率称为**上限频率** f_h。即 $f = f_l$ 或 $f = f_h$ 时，$A_u = \dfrac{1}{\sqrt{2}} A_{um}$ 或 $20\lg A_u = 20\lg A_{um} - 3\ dB$。

截止频率的确定按以下原则：某电容所确定的截止频率，与该电容所在回路的时间常数 τ 呈下述关系：

$$f = \frac{1}{2\pi\tau}$$

定义

$$f_h - f_l = f_{BW}$$

为**频带宽度**。输入信号的频率范围在频带宽度 f_{BW} 内，放大器的放大倍数和相位移为常数，不产生线性失真；如输入信号的频率范围超出了频带宽度，则将产生线性失真。

3.1.4 放大器频率特性的分析方法

放大器频率特性的分析是按频率段进行的：中频段求中频电压放大倍数 A_{um}，高频段求上限频率 f_h；低频段求下限频率 f_l。

多级放大器总的上限频率 f_h 比其中任何一级的上限频率都要低；下限频率 f_l 比其中任何一级的下限频率都要高。即多级放大器使得总的放大倍数增大了，但总的频带宽度变窄了。因此在设计多级放大器时，必须保证每一级的通频带都比总的通频带宽。如果各级通频带不同，则总的上限频率基本取决于最低的一级，而总的下限频率主要取决于最高的一级。故要提高总的上限频率，主要是提高上限频率最低那一级的上限频率，因为它对上限频率起主导作用。

通信专业、电子技术专业对该章知识点要求较高，如要求学生应知道放大器的通频带将影响通话质量和音像设备的音、像质量等。

3.2 典型题举例

例 1 放大器的频率特性曲线如图 3 - 1 所示。当工作频率 $f = 30\ kHz$ 时，其放大系数为_____。

① $A_u > 100$ ② $A_u = 100$ ③ $A_u = 70$ ④ $A_u < 70$

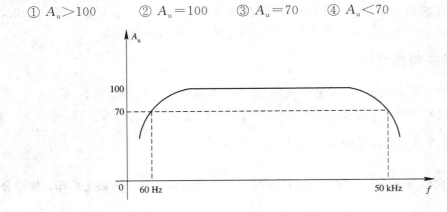

图 3 - 1 例 1 图

答案：②

例 2 放大器频率特性如图 3－1。下列输入信号中，产生线性失真的是_____。

① $u_i = U_{im} \sin 2\pi 10^5 t$

② $u_i = U_{im} \sin 2\pi 100 t$

③ $u_i = U_{im1} \sin 2\pi 100 t + U_{im2} \sin 2\pi 10^4 t$

④ $u_i = U_{im1} \sin 2\pi 10^3 t + U_{im2} \sin 2\pi 2 \times 10^5 t$

答案：④

分析：第①、②种输入信号为单一频率，故无线性失真可言；第③种输入信号是由两种频率信号组成的，其频率范围均在带宽范围内，故不产生线性失真；第④种输入信号的前一分量频率为 10^3 Hz，在频带范围内，后一分量频率为 2×10^5 Hz，在频带范围之外，故将产生线性失真。

例 3 某放大器的中频增益 $A_{um} = 40$ dB，上限频率 $f_h = 2$ MHz，下限频率 $f_l = 100$ Hz，输出不失真的动态范围为 $U_{opp} = 10$ V，在下列各种输入信号情况下，会产生何种失真？

① $u_i(t) = 0.1 \sin(2\pi \times 10^4 t)$ (V)

② $u_i(t) = 10 \sin(2\pi \times 3 \times 10^6 t)$ (mV)

③ $u_i(t) = 10 \sin(2\pi \times 400 t) + 10 \sin(2\pi \times 10^6 t)$ (mV)

④ $u_i(t) = 10 \sin(2\pi \times 10 t) + 10 \sin(2\pi \times 5 \times 10^4 t)$ (mV)

⑤ $u_i(t) = 10 \sin(2\pi \times 10^3 t) + 10 \sin(2\pi \times 10^7 t)$ (mV)

答：①、②输入的是单一频率信号，故不可能产生线性失真，只可能产生非线性失真。

由于 $A_{um} = 40$ dB，其电压放大倍数为 100 倍。而输出电压的峰峰值为 10 V，则输出电压最大振幅值

$$U_{om} = \frac{1}{2} U_{opp} = 5 \text{ V}$$

对于①，$U_o = A_{um} U_{im} = 100 \times 0.1 = 10$ V > 5 V，故产生非线性失真。

对于②，$U_o = A_{um} U_{im} = 100 \times 10 = 1$ V < 5 V，故不会产生非线性失真。

对③、④、⑤而言，输入的幅度 $U_{im} = 10$ mV，$U_o = 1$ V < 5 V，故不会产生非线性失真。

由于③、④、⑤的输入信号是多个频率，故可能产生线性失真。

对③而言，输入信号频率为 400 Hz 和 1 MHz，在频带范围内，均大于 $f_l = 100$ Hz，小于 $f_h = 2$ MHz，故不产生线性失真。

对④而言，输入信号频率为 10 Hz 和 50 kHz，10 Hz $< f_l = 100$ Hz，50 kHz 在频带范围内，故在低频段将产生线性失真。

对⑤而言，输入信号频率为 1000 Hz 和 10 MHz，1000 Hz 在频带范围内，而 10 MHz $> f_h = 2$ MHz，故在高频段将产生线性失真。

例 4 简述非线性失真与线性失真。

答：它们共同的特点是使信号产生了失真。

非线性失真是因为直流工作状态设置不合理，过高进入器件的饱和区，产生了饱和失真；过低进入器件的截止区，产生了截止失真。信号进入了非线性区域（饱和区，截止区）产生的失真，故称为非线性失真。

　　线性失真是因为电路中存在电抗元件(电容,电感),它们对不同频率的信号呈现的阻抗不同,因此影响了放大电路的放大特性。由于不同频率信号放大倍数不同,产生的失真称为幅频失真;由于不同频率信号相位不同,产生的失真称为相频失真。由于电抗元件一般均是线性元件,它们产生的失真则称为线性失真。

3.3　思考题和习题解答

　　1. 电路的频率响应,是指对于不同频率的输入信号,其放大倍数的变化情况。高频时放大倍数下降,主要是因为_____的影响;低频时放大倍数下降,主要是因为_____的影响。

　　答:管子极间电容和电路分布电容的影响;耦合电容 C_1、C_2 和旁路电容 C_e 的影响。

　　2. 当输入信号频率为 f_1 和 f_h 时,放大倍数的幅值约下降为中频时的_____,或者是下降了_____dB。此时与中频时相比,放大倍数的附加相移约为_____。

　　答:$A_u = \dfrac{1}{\sqrt{2}} A_{um}$;3 dB;45°

　　3. 某三极管 $I_C = 2.5$ mA,$f_T = 500$ MHz,$r_{be'} = 1$ kΩ,求高频参数 g_m、C_π、β、f_β。

　　解:

$$g_m = \frac{I_{CQ}}{26} = \frac{2.5}{26} = 96 \text{ mA/V}$$

$$\beta = g_m \cdot r_{b'e} = 96 \times 10^{-3} \times 1 \times 10^3 = 96$$

$$f_\beta \approx \frac{f_T}{\beta} = \frac{500}{96} \approx 5.2 \text{ MHz}$$

$$C_\pi = \frac{g_m}{2\pi f_T} = \frac{96 \times 10^{-3}}{2\pi \times 500 \times 10^6} \approx 30.6 \text{ pF}$$

　　4. 电路如图 3 - 2 所示,三极管参数为 $\beta = 100$,$r_{bb'} = 100$ Ω,$U_{be} = 0.6$ V,$f_T = 10$ MHz,$C_\mu = 10$ pF。试通过下列情况的分析计算,说明放大电路各种参数变化对放大器频率特性的影响。

　　(1) 画出中频段、低频段和高频段的简化等效电路,并计算中频电压放大倍数 A_{usm}、上限频率 f_h 和下限频率 f_1。

　　(2) 在不影响电路其它指标的情况下,欲将下限频率 f_1 降到 200 Hz 以下,电路参数应作怎样的变更?

　　(3) 其它参数不变,若将负载电阻 R_c 降到 200 Ω,对电路性能有何影响?

　　(4) 在不换管子,也不改变电路接法的前提下,如何通过电路参数的调整进一步展宽频带?

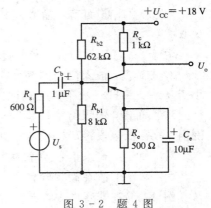

图 3 - 2　题 4 图

（5）其它参数不变，重选三极管，$f_T = 200\ \text{MHz}$，$r_{bb'} = 50\ \Omega$，$C_\mu = 2\ \text{pF}$，$\beta = 100$，上限频率可提高多少？

解：（1）分频段画等效电路，关键是对电抗元件的处理。

中频段将电容 C_b 和 C_e 视为短路，而将管子的极间电容视为开路，等效电路如图 3-3(a) 所示。

低频段考虑 C_b、C_e 的作用，极间电容仍视为开路，等效电路如图 3-3(b) 所示。

高频段考虑极间电容的作用，C_b、C_e 视为短路，等效电路如图 3-3(c) 所示。

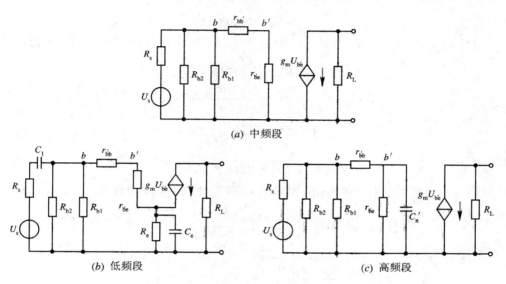

(a) 中频段

(b) 低频段   (c) 高频段

图　3 - 3

为了求 A_{usm}，首先应确定静态工作点，才能确定等效电路的参数。

$$U_B = \frac{R_{b1}}{R_{b2} + R_{b1}} U_{CC} = \frac{8}{62 + 8} \times 18 = 2\ \text{V}$$

$$U_{R_e} = U_B - U_{BE} = 2 - 0.6 = 1.4\ \text{V}$$

$$I_{EQ} = \frac{U_{R_e}}{R_e} = \frac{1.4}{0.5} = 2.8\ \text{mA}$$

则

$$r_{b'e} = (1 + \beta)\frac{26}{I_{EQ}} = 101 \times \frac{26}{2.8} \approx 938\ \Omega$$

由中频等效电路可求得

$$U_o = -g_m U_{b'e} R_L' = -g_m U_{b'e} R_c$$

$$U_{b'e} = \frac{r_{b'e}}{r_{bb'} + r_{b'e}} U_i$$

其中

$$U_i = \frac{r_i}{R_s + r_i} U_s$$

$$r_i = R_{b2} /\!/ R_{b1} /\!/ (r_{bb'} + r_{b'e}) = 62 /\!/ 8 /\!/ 1.038 \approx 0.9\ \text{k}\Omega$$

$$g_m = \frac{I_E}{26} = \frac{2.8}{26} \approx 108\ \text{mA/V}$$

则
$$U_o = -\frac{r_i}{R_s + r_i} \times \frac{r'_{b'e}}{r_{bb'} + r_{b'e}} g_m R_c U_s$$

$$A_{um} = -\frac{r_i}{R_s + r_i} \times \frac{r_{b'e}}{r_{bb'} + r_{b'e}} g_m R_c$$

$$A_{usm} = -\frac{0.6}{0.6 + 0.9} \times \frac{0.94}{1.038} \times 108 \times 1 = -39$$

由高频等效电路可求上限频率

$$f_h = \frac{1}{2\pi R C'_\pi}$$

其中
$$R = r_{b'e} /\!/ [r_{bb'} + R_s /\!/ R_b] = 0.93 /\!/ [0.05 + 0.6 /\!/ 62 /\!/ 8] \approx 0.38 \text{ k}\Omega$$

$$C'_\pi \approx (1 + g_m R_c)C_\mu + C_\pi$$

$$C_\pi = \frac{g_m}{2\pi f_T} = \frac{108 \times 10^{-3}}{2\pi \times 10^7} \approx 1720 \text{ pF}$$

$$C'_\pi = (1 + 108) \times 10 + 1720 = 2810 \text{ pF}$$

所以
$$f_h = \frac{1}{2\pi \times 0.38 \times 10^3 \times 2810 \times 10^{-12}} \approx 0.15 \text{ MHz}$$

由低频段等效电路可求下限频率。分别求出 C_b 和 C_e 所决定的下限频率 f_{l1} 和 f_{le} 如下：

$$f_{l1} = \frac{1}{2\pi(R_s + r_i)C_b} = \frac{1}{2\pi(0.6 + 0.9) \times 10^3 \times 10^{-6}} \approx 107 \text{ Hz}$$

$$f_{le} = \frac{1}{2\pi\left(R_e /\!/ \dfrac{R'_s + r_{bb'} + r_{b'e}}{1 + \beta}\right)}$$

式中
$$R'_s = R_s /\!/ R_{b2} /\!/ R_{b1} \approx R_s = 0.6 \text{ k}\Omega$$

$$\beta = g_m r_{b'e} = 108 \times 10^{-3} \times 0.938 = 101$$

$$f_{le} = \frac{1}{2\pi\left(0.5 /\!/ \dfrac{0.6 + 1.038}{102}\right) \times 10^3 \times 10^{-5}} \approx 880 \text{ Hz}$$

选其中差的一个作为放大电路的下限频率，即

$$f_l \approx f_{le} = 880 \text{ Hz}$$

（2）由上述可知下限频率受 C_e 的影响大，所以将 C_e 增大 5 倍即 $C_e = 50 \ \mu\text{F}$ 即可，此时

$$f_l = \frac{880}{5} = 176 \text{ Hz}$$

当然考虑到 C_b 的作用，可使 C_e 再选大一些，或使 C_b 增大 10 倍即 $C_b = 10 \ \mu\text{F}$，则

$$f_{l1} = \frac{107}{10} = 107 \text{ Hz}$$

这样电路的下限频率受 C_b 的影响即可不考虑了。即 $C_e = 50 \ \mu\text{F}$，$C_b = 10 \ \mu\text{F}$。

（3）R_c 由 1 kΩ 降为 200 Ω，则电压放大系数 A_{usm} 将下降，且 $C'_\pi = (1 + g_m R_c)C_\mu + C_\pi$ 也将下降，所以上限频率 f_h 将上升。

$$A_{usm} = -\frac{r_i}{R_s + r_i} \cdot \frac{r_{b'e}}{r_{bb'} + r_{b'e}} g_m R_c = -7.8$$

$$f_h = \frac{1}{2\pi R[(1+g_m R_c)C_\mu + C_\pi]}$$

$$= \frac{1}{2\pi \times 0.38 \times 10^3 \times [226 + 1720] \times 10^{-12}}$$

$$\approx 0.215 \text{ MHz}$$

（4）频带展宽，需要使 f_h 上升，f_1 下降。影响 f_h 的主要因素是 C'_π：

$$C'_\pi = (1+g_m R_c)C_\mu + \frac{g_m}{2\pi f_T}$$

使 g_m 下降可使 C'_π 减小，而 $g_m \approx I_E/26$，所以可通过降低 I_E 改善频率特性。而 I_E 降低可通过增大 R_{b2} 或增大 R_e 或减小 R_{b1} 达到减小 C'_π 的目的实现，从而使 f_h 提高。

f_1 下降可通过增大 C_b、C_e 来实现。

（5）更换晶体管后，高频等效电路的参数将发生变化。

$$C_\pi = \frac{g_m}{2\pi f_T} = \frac{108 \times 10^{-3}}{2\pi \times 2 \times 10^8} = 85.9 \text{ pF}$$

$$C'_\pi = (1+g_m R'_L)C_\mu + C_\pi = (1+108) \times 2 + 85.9 \approx 304 \text{ pF}$$

$$f_h = \frac{1}{2\pi R C'_\pi} = \frac{1}{2\pi \times 0.38 \times 10^3 \times 3.04 \times 10^{-10}} = 1.37 \text{ MHz}$$

显然，为使电路的高频特性改善，选择高质量的晶体管（即 $r_{bb'}$ 小、f_T 高、C_μ 小的管子）十分重要。

5. 电路如图 3-4 所示。已知三极管的 $r_{bb'} = 200\ \Omega$，$r_{b'e} = 1.2\ k\Omega$，$g_m = 40\ mA/V$，$C'_\pi = 1000\ pF$。

（1）试画出包括外电路在内的简化混合 π 型等效电路。

（2）估算中频电压放大系数 A_{usm}，上限频率 f_h，下限频率 f_1（可作合理简化）。

（3）画出对数幅频特性和相频特性。其对数增益与电压放大倍数的关系如下表所示：

A_{usm}	10	20	30	40	50	60	100
G_u/dB	20	26	30	32	34	35.6	40

解：（1）混合 π 型等效电路如图 3-5 所示。

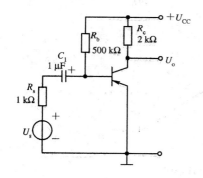

图 3-4 题 5 图

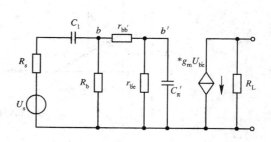

图 3-5 题 5 的高频等效电路

（2）中频区电压放大系数

$$A_{usm} = - \frac{r_i}{R_s + r_i} \cdot \frac{r_{b'e}}{r_{bb'} + r_{b'e}} g_m R_L'$$

式中

$$r_i = R_b \mathbin{/\mkern-5mu/} [r_{bb'} + r_{b'e}] = 500 \mathbin{/\mkern-5mu/} 1.4 \approx 1.4 \text{ k}\Omega$$

所以

$$A_{usm} = - \frac{1.4}{1 + 1.4} \times \frac{1.2}{1.4} \times 40 \times 2 = -40$$

上限频率

$$f_h = \frac{1}{2\pi R C_\pi'}$$

式中

$$R = [R_s \mathbin{/\mkern-5mu/} R_b + r_{bb'}] \mathbin{/\mkern-5mu/} r_{b'e} = (1 \mathbin{/\mkern-5mu/} 500 + 0.2) \mathbin{/\mkern-5mu/} 1.2 \approx 0.6 \text{ k}\Omega$$

则

$$f_h = \frac{1}{2\pi \times 0.6 \times 10^3 \times 10^{-9}} \approx 0.265 \text{ MHz}$$

下限频率

$$f_l = \frac{1}{2\pi (R_s + r_i) C_1} = \frac{1}{2\pi \times (1 + 1.4) \times 10^3 \times 10^{-6}} \approx 66 \text{ Hz}$$

（3）其对数幅频特性、相频特性如图 3-6 所示。中频区对数增益 $G_{um} = 32$ dB，相移 $\varphi = -180°$，在 $f = f_h = 265$ kHz 处和 $f = f_l = 66$ Hz 处是幅频特性的转折点，其相移 $f = f_h$ 处 $\varphi = -225°$；$f = f_l$ 处 $\varphi = -135°$。在 $f > f_h$ 处，幅频特性按 -20 dB/十倍频程下降，相频特性按 $-45°$/十倍频程下降；$f < f_l$ 处，幅频特性按 $+20$ dB/十倍频程上升，相频特性按 $-45°$/十倍频程下降。

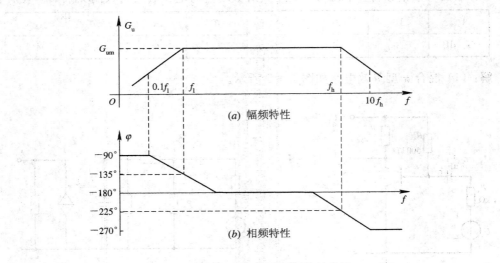

图 3-6 题 5 的幅频和相频特性曲线

6. 两个放大器其上限频率均为 10 MHz，下限频率均为 100 Hz，当它们组成二级放大器时，总的上限频率 f_h 和下限频率 f_l 为多少？

解:

$$\frac{1}{f_h} \approx 1.1 \sqrt{\frac{1}{f_{h1}^2} + \frac{1}{f_{h2}^2}} = 1.1 \sqrt{\frac{2}{100}} = \frac{1.1\sqrt{2}}{10}$$

$$f_h = 10 \times \frac{1}{1.1\sqrt{2}} \approx 6.36 \text{ MHz}$$

$$f_l \approx 1.1 \sqrt{f_{l1}^2 + f_{l2}^2} = 1.1 \sqrt{2(100)^2} = 1.1\sqrt{2}100 = 154 \text{ Hz}$$

第四章　场效应管放大电路

晶体三极管是电流控制器件，输入端始终存在电流，故晶体三极管组成的放大电路其输入电阻均不高。

场效应管是电压控制器件，输入端电流可以为零，故场效应管组成的放大电路其输入电阻可以做得很大。

通过本章的学习，读者应达到下列要求：

(1) 必须知道场效应管的主要特点；

(2) 熟悉场效应管的工作原理；

(3) 掌握场效应管放大器的分析方法。

建议读者在学习本章内容时，注意与三极管及三极管放大电路对比学习。

4.1　本　章　小　结

4.1.1　场效应管工作原理

场效应管按其结构的不同分为结型场效应管和绝缘栅型场效应管；按工作性能可分为耗尽型场效应管和增强型场效应管两类；根据载流子通道又可分为 N 沟道场效应管和 P 沟道场效应管。

1. 结型场效应管

结型场效应管的工作基理仍是 PN 结。此时 PN 结必须是反向偏置。其工作过程如下：

改变栅极电压 u_{GS} 的大小→改变 PN 结阻挡层的宽窄→改变载流子通道（沟道）的宽窄→改变通道电阻的大小，从而控制漏极电流 i_D 的大小。

由于结型场效应管的工作基理仍是 PN 结，虽然反向运用时其电流较小，但仍影响输入电阻的进一步提高。

2. 绝缘栅场效应管

该类场效应管是控制栅极与场效应管衬底间有一层绝缘层，故栅极电流 $i_G = 0$。所以其输入电阻可进一步提高，可达 10^{14} Ω。

该类管子的工作基理是利用半导体的场效应（这就是场效应管名称的由来）。其工作过程如下（对增强型场效应管而言）：

在控制栅与衬底间加一电场，在该电场的作用下，作为衬底的半导体中的少数载流子被吸引至控制栅的下方，多数载流子被排斥至衬底的下方，当栅极与衬底间的电场到达某一程度时，在控制栅的下方形成了一个反型层（如 N 沟道增强型管，其衬底为 P 型硅材料，所谓反型层即指在 P 型半导体中形成一个以电子为主的 N 型区域），它就是源极和漏极间多数载流子的通道（沟道）。对应此时的栅源电压 u_{GS} 称为开启电压 U_T。此时，改变 u_{GS} 就改变了控制栅与衬底的电场，从而改变了载流子的沟道，达到控制漏极电流 i_D 的目的。

耗尽型与增强型的不同之处，是在绝缘层中人为地掺入相应的离子，在栅极与衬底间形成电场，该电场足以在衬底形成反型层，即形成载流子的沟道。其控制漏极电流的过程与增强型一样。

3. 管子的特性与参数

1）管子的特性

反映场效应管性能的特性曲线是转移特性和输出特性。转移特性曲线反映了栅极电压对漏极电流的控制能力，即 $i_D = f(u_{GS})\big|_{u_{DS}=常数}$。

（1）结型 N 沟道：

$$U_P \leqslant u_{GS} \leqslant 0$$

其中 U_P 称为夹断电压，其定义是 $i_D=0$ 时的栅源电压。$u_{GS}=0$ 时对应的电流为漏极饱和电流 I_{DSS}。

（2）增强型 N 沟道：

$$u_{GS} \geqslant U_T > 0$$

其中 U_T 称为开启电压。

（3）耗尽型 N 沟道：

$$u_{GS} \geqslant U_P$$

它们的转移特性曲线如图 4-1 所示。

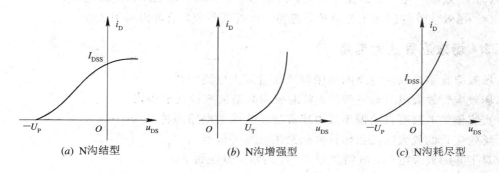

(a) N沟结型 　　　　(b) N沟增强型 　　　　(c) N沟耗尽型

图 4-1　N 沟道场效应管的转移特性

输出特性曲线反映了当栅源电压一定时，漏极电流 i_D 与漏源电压 u_{GD} 间的关系曲线。场效应管的输出特性可分为三个区域：① 可变电阻区，工作在该区时改变 u_{GS} 即改变了漏极与源极间的电阻，通常作为压控电阻使用；② 夹断区，该区即截止区；③ 恒流区，即为放大区，当场效应管作为放大器时，应工作在该区。

N 沟道场效应管的输出特性曲线，不管是结型、耗尽型还是增强型，其形状基本一样。主要通过 u_{GS} 的范围来判断是何种场效应管。它们的输出特性曲线如图 4-2 所示。

对于 P 沟道的管子，其电流和电压的方向与 N 沟道的反向。

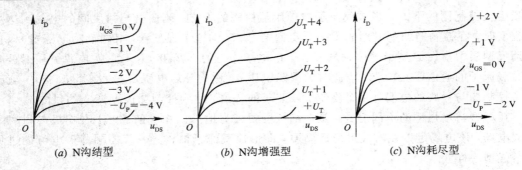

(a) N沟结型　　　　　(b) N沟增强型　　　　　(c) N沟耗尽型

图 4 - 2　N 沟道场效应管的输出特性

2）场效应管的参数

（1）直流参数：饱和漏极电流 I_{DSS}，夹断电压 U_P，开启电压 U_T，直流输入电阻 R_{GS}。

（2）交流参数：跨导 g_m，它反映了栅源电压 U_{GS} 对漏极电流 I_D 的控制能力，是反映管子放大能力的参数。g_m 定义为

$$g_m = \frac{\partial I_D}{\partial U_{GS}}\bigg|_{U_{DS}=常数}$$

单位是 mA/V。

（3）极限参数：漏极最大允许耗散功率 P_{Dm}，漏源间击穿电压 BU_{DS}，栅源间击穿电压 BU_{GS}。

4. 场效应管的特点

场效应管与三极管相比，具有如下特点：

（1）场效应管是电压控制器件，通过 U_{GS} 来控制 I_D。

（2）输入电流为零，故输入电阻比较高。

（3）场效应管是多数载流子导电，故噪声小，受辐射影响小，热稳定性好。

（4）场效应管的制造工艺简单，有利于大规模集成，故可提高集成度。

4.1.2　场效应管放大电路

场效应管组成放大电路的原则与三极管放大电路一样。

场效应管放大电路有共源极、共漏极和共栅极三种基本形式。

直流偏置电路有自给偏压式电路和分压式偏置电路两种。

场效应管的放大电路指标计算仍采用微变等效电路。

对于共源放大电路，电路如图 4 - 3 所示，参数如下：

$$A_u = -g_m R_L'$$

$$r_i = R_G + R_{G1} \mathbin{/\mkern-5mu/} R_{G2}$$

$$r_o = R_D$$

对于图 4 - 4 所示共漏极放大电路（源极输出器），参数如下：

$$A_u = \frac{g_m R_L'}{1 + g_m R_L'}$$

$$r_i = R_G + R_{G1} \mathbin{/\mkern-5mu/} R_{G2}$$

$$r_o = \frac{1}{g_m} \mathbin{/\mkern-5mu/} R_S$$

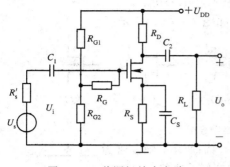

图 4 - 3 共源极放大电路

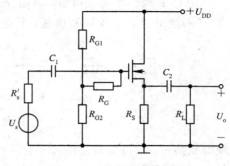

图 4 - 4 共漏极放大电路

4.2 典型题举例

例 1 与三极管相比，场效应管的特点是什么？

答：(1) 场效应管是电压控制器件；

(2) 场效应管的电流由多数载流子形成；

(3) 由于场效应管输入端不取电流，所以输入电阻较高；

(4) 由于是多数载流子导电，所以温度稳定性较好；

(5) 一般来讲，场效应管组成的放大电路，其电压放大系数小于三极管组成的放大电路的放大系数；

(6) 抗辐射能力强。

例 2 场效应管的主要优点是_____。

① 输出电阻小　　　　　② 输入电阻大

③ 是电流控制器件　　　④ 组成放大电路时电压放大系数大

答案：②

例 3 场效应管的转移特性如图 4 - 5 所示，试判断它们是 N 沟道还是 P 沟道，是结型、增强型还是耗尽型，并画出其电路符号图。

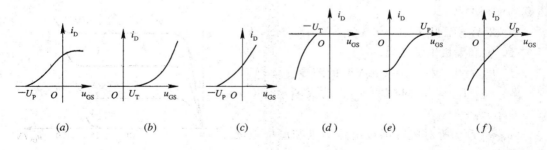

图 4 - 5 例 3 图

答：(a)是 N 沟结型场效应管，其电路符号如图 4 - 6(a)所示。

(b)是 N 沟增强型场效应管，其电路符号如图 4 - 6(b)所示。

(c)是 N 沟耗尽型场效应管，其电路符号如图 4 - 6(c)所示。

(d)是 P 沟增强型场效应管，其电路符号如图 4 - 6(d)所示。

(e)是 P 沟结型场效应管，其电路符号如图 4 - 6(e)所示。

(f)是 P 沟耗尽型场效应管，其电路符号如图 4 - 6(f)所示。

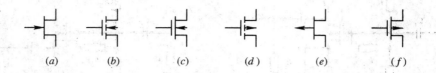

(a) $\quad$ (b) $\quad$ (c) $\quad$ (d) $\quad$ (e) $\quad$ (f)

图 4 - 6　例 3 电路符号图

题型变换一：某场效应管的转移特性如图 4 - 5(c)所示，则该管为_____。

① N 沟结型场效应管　　　　② P 沟结型场效应管

③ N 沟耗尽型场效应管　　　　④ N 沟增强型场效应管

答案：③

题型变换二：场效应管符号如图 4 - 6(a)、(b)、(c)、(d)所示，N 沟增强型场效应管是_____。

①(a)　②(b)　③(c)　④(d)

答案：③

例 4　场效应管输出特性如图 4 - 7 所示，N 沟结型场效应管的输出特性是_____。

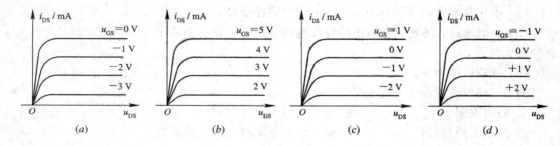

(a) $\qquad\qquad$ (b) $\qquad\qquad$ (c) $\qquad\qquad$ (d)

图 4 - 7　例 4 图

答案：①

例 5　结型场效应管特性如图 4 - 8 所示，求出该管的下列参数：

(1) 夹断电压 U_P；

(2) 饱和漏极电流 I_{DSS}；

(3) $U_{DS} = 10$ V，$I_D = 4$ mA 时的跨导 g_m。

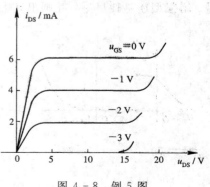

图 4 - 8　例 5 图

解：(1) $I_D = 0$ 所对应的 u_{GS} 即为夹断电压 U_P，如图所示 $U_P = -3$ V；

(2) $u_{GS} = 0$ 所对应的漏极电流为饱和漏极电流 I_{DSS}，从图上可读出 $I_{DSS} = 6$ mA；

(3) 通过 $U_{DS} = 10$ V，$I_D = 4$ mA 的点，作一条横坐标的垂线，则 $\Delta u_{GS} = 1$ V，对应的 $\Delta i_{DS} = 2$ mA，所以

$$g_m = \frac{\Delta i_{DS}}{\Delta u_{GS}} = 2 \text{ mA/V}$$

例6 场效应管放大电路如图 4-9 所示，它们能放大吗？如不能放大，请加改正，使之能正常放大。

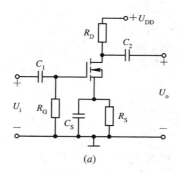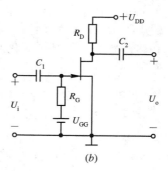

图 4-9 例6图

答： 判断能否放大，依然是用本章前面所讲述的三个条件：

(1) 场效应管应工作在放大区，即应在 G、S 极加一适当的偏压。

(a) N 沟结型场效应管 u_{GS} 应满足

$$-U_P < u_{GS} < 0 \text{ V}$$

(b) N 沟增强型场效应管 u_{GS} 应大于开启电压 U_T，即 $u_{GS} > U_T$。

(c) N 沟耗尽型场效应管 u_{GS} 工作区域较随意，$u_{GS} > -U_P$，可正，可负，也可为 0。

(2) 输入信号能加至 G、S 间。

(3) 有电压输出。

图 4-9 所示两图满足条件(b)、(c)，但条件(a)不满足。

对于图 4-9(a)，因为是 N 沟增强型管子，要求 $u_{GS} > U_T$，为一正值，而该图由于 R_S 存在，使 u_{GS} 为一负值，故不能放大，管子截止，为此在 G 极与电源间加接电阻，组成分压偏置电路。

对于图 4-9(b)，管子为 N 沟结型，要求 $-U_P < u_{GS} < 0$，故电源 U_{GG} 极性应反过来。或将 U_{GG} 去掉，而在源极与地之间接入 R_S 和 C_S 组成自给栅偏压电路。

例7 N 沟道场效应管放大电路如图 4-10 所示。试说明对于不同类型的管子，其偏置电路应如何设置。

答： 该电路的栅源电压为

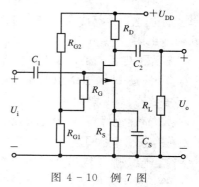

图 4-10 例7图

$$U_{GS} = U_G - U_S = \frac{R_{G1}}{R_{G2} + R_{G1}} U_{DD} - I_{DS} R_S$$

对 N 沟结型场效应管，U_{GS} 应为负值，所以应满足

$$I_{DS} R_S > \frac{R_{G1}}{R_{G2} + R_{G1}} U_{DD}$$

对 N 沟增强型场效应管，U_{GS} 应大于 $+U_T$，所以应满足

$$I_{DS} R_S < \frac{R_{G1}}{R_{G2} + R_{G1}} U_{DD}$$

且

$$\frac{R_{G1}}{R_{G2} + R_{G1}} U_{DD} - I_{DS} R_S > U_T$$

对于 N 沟耗尽型场效应管，由于 U_{GS} 可正、可负，也可为零，所以灵活性较大。

例 8 电路如图 4 - 10 所示。

(1) 写出 A_u、r_i、r_o 的表达式；

(2) 定性说明 R_S 增大时，A_u、r_i、r_o 是否变化，如何变化；

(3) 若 C_S 开路，A_u、r_i、r_o 是否变化？如何变化？写出变化后的表达式。

解：(1)
$$A_u = -g_m R'_D$$
$$R'_D = R_D \mathbin{/\mkern-5mu/} R_L$$
$$r_i = R_G + R_{G1} \mathbin{/\mkern-5mu/} R_{G2}$$
$$r_o = R_D$$

(2) R_S 增大对 r_i 和 r_o 无影响，而对 A_u 的影响视 R_S 对 g_m 的影响而定。$R_S \uparrow \rightarrow U_{GS}$ 更负 $\rightarrow$ $I_D \downarrow \rightarrow$ 而 $g_m = -\dfrac{2I_{DSS}}{U_P}\left(1 - \dfrac{U_{GS}}{U_P}\right) \downarrow$（从转换特性可看出，$I_D$ 愈小，g_m 愈小）$\rightarrow A_u \downarrow$。

(3) C_S 开路，对 r_i、r_o 无影响，而将使 A_u 下降。
$$A_u = -\frac{g_m(R_D \mathbin{/\mkern-5mu/} R_L)}{1 + g_m R_S}$$

4.3 思考题和习题解答

1. 场效应管又称为单极性管，因为_____；半导体三极管又称为双极性管，因为_____。

答：场效应管主要是多数载流子参与导电；半导体三极管是多数载流子和少数载流子同时参与导电。

2. 半导体三极管通过基极电流控制输出电流，所以属于_____控制器件，其输入电阻_____；场效应管通过控制栅极电压来控制输出电流，所以属于_____控制器件，其输入电阻_____。

答案：电流；小；电压；大

3. 简述 N 沟道结型场效应管的工作原理。

答：略。（见教材 P_{81}）

4. 简述绝缘栅 N 沟道增强型场效应管的工作原理。

答：略。（参阅教材 P_{84}、P_{85}）

5. 绝缘栅 N 沟道增强型与耗尽型场效应管有何不同？

答：对于耗尽型管子，在绝缘层中，人为掺入正离子，所以在 $U_{GS}=0$ 时，D、S 之间就存在沟道。因而其 U_{GS} 可正、可负，也可为零。

对于增强型管子，只有在 $u_{GS}>0$ 且 $U_{GS}>U_T$ 时沟道才存在。

6. 场效应管的转移特性如图 4 - 11 所示，试标出管子的类型（N 沟还是 P 沟，增强型还是耗尽型，结型还是绝缘栅型）。

答：图 4 - 11 中，(a) 为 N 沟结型；(b) 为 N 沟耗尽型；(c) 为 N 沟增强型；(d) 为 P 沟增强型。

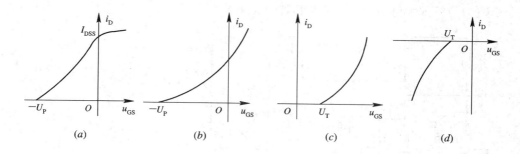

图 4 - 11　题 6 图

7. 已知 N 沟道结型场效应管的 $I_{DSS}=2$ mA，$U_P=-4$ V，画出它的转移特性。

解： 利用 $I_D = I_{DSS}\left(1-\dfrac{U_{GS}}{U_P}\right)^2$，设一个 U_{GS}，算出 I_D，转移特性如图 4 - 12 所示。

8. 已知某 MOS 场效应管的输出特性如图 4 - 13 所示，分别画出 $u_{DS}=9$ V、6 V、3 V 时的转移特性曲线。

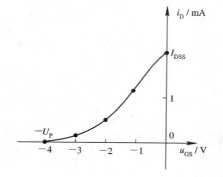

图 4 - 12　题 7 转移特性

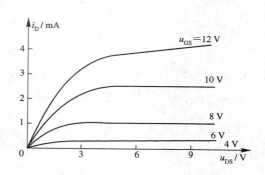

图 4 - 13　题 8 输出特性

解： 分别在输出特性曲线上 $u_{DS}=9$ V、6 V、3 V 处作横坐标的垂线，将垂线与 u_{GS} 的交点的坐标值移植至 $u_{GS} \sim i_{DS}$ 坐标图上，即得对应 u_{DS} 值的转移特性。如图 4 - 14 所示。由图可看出，$u_{DS}=9$ V、6 V 时即为恒流区，转移特性基本重合，但进入可变电阻区后，转移特性曲线向右移。

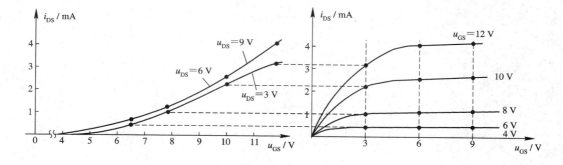

图 4 - 14　题 8 转移特性

9. 场效应管放大电路及管子的转移特性如图 4 - 15 所示。

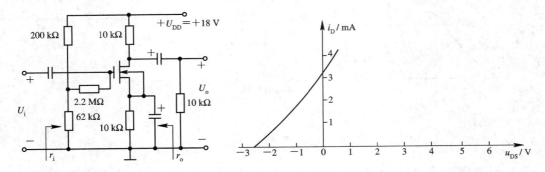

图 4 - 15　题 9 图

(1) 用图解法计算静态工作点参数 I_{DQ}、U_{GSQ}、U_{DSQ}；

(2) 若 Q 点处跨导 $g_m = 2$ mA/V，计算 A_u、r_i、r_o。

解：(1) 由电路得

$$U_{GS} = U_G - U_S$$

$$U_G = \frac{62}{200 + 62} \times 18 \approx 4.26 \text{ V}$$

则　　　　　　　　$U_{GS} = 4.26 - I_{DS}R_S = 4.26 - I_{DS} \times 10$

由 $I_{DS} = 0$，$U_{GS} = 4.26$ V，得 M 点；

由 $U_{GS} = 0$，$I_{DS} = \dfrac{4.26}{10} = 0.426$ mA，得 N 点。

连接 M、N 点并加以延长，此线与转移特性曲线的交点即为 Q 点，如图 4 - 16 所示。由图可以读得

$$I_{DQ} \approx 0.56 \text{ mA}, \quad U_{GSQ} = -1.3 \text{ V}$$

$$U_{DSQ} = U_{DD} - I_{DS}(R_S + R_D) = 18 - 0.56 \times 20 = 6.8 \text{ V}$$

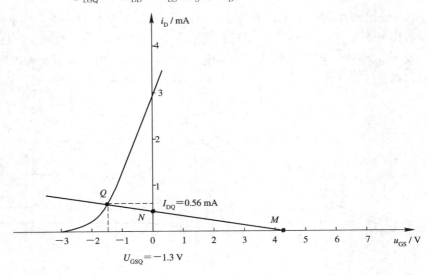

图 4 - 16　题 9 解答图

(2) $\qquad A_u = -g_m R_D' = -2 \times 5 = -10 \qquad (R_D' = R_D /\!/ R_L = 5\ \text{k}\Omega)$

$\qquad r_i = 2200 + 200 /\!/ 62 = 2247\ \text{k}\Omega$

$\qquad r_o = R_D = 10\ \text{k}\Omega$

10. 源极跟随器电路如图 4 - 17 所示,设场效应管参数 $U_P = -2\ \text{V}$, $I_{DSS} = 1\ \text{mA}$。

(1) 用解析法确定工作点 I_{DQ}、U_{GSQ}、U_{DSQ} 及工作点跨导。

(2) 计算 A_u、r_i、r_o。

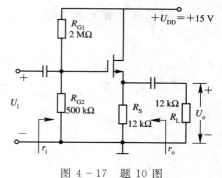

图 4 - 17 题 10 图

解:(1) 由管子的方程得

$$I_{DS} = I_{DSS}\left(1 - \frac{U_{GS}}{U_P}\right)^2 = 1 \times \left(1 + \frac{U_{GS}}{2}\right)^2$$

又由电路可得

$$U_{GS} = U_G - U_S = \frac{R_{G2}}{R_{G1} + R_{G2}} U_{DD} - I_{DS} R_S$$

$$= \frac{0.5}{2 + 0.5} \times 15 - 12 I_{DS} = 3 - 12 I_{DS}$$

将上述第一式代入第二式,得

$$U_{GS} = 3 - 12 \times \left(1 + \frac{U_{GS}}{2}\right)^2 = 3 - 12 \times (1 + U_{GS} + 0.25 U_{GS}^2)$$

$$3 U_{GS}^2 + 13 U_{GS} + 9 = 0$$

则

$$U_{GS} = \frac{-13 \pm \sqrt{169 + 4 \times 3 \times 9}}{6} = \frac{-13 \pm 7.8}{6}$$

得

$$U_{GS1} = -0.87\ \text{V}$$

$$U_{GS2} = -3.47\ \text{V} \quad (\text{小于 } U_P,\ \text{不合理,舍去})$$

将 U_{GS} 代入管子方程得

$$I_{DS} = I_{DSS}\left(1 + \frac{U_{GS}}{2}\right)^2 = \left(1 - \frac{0.87}{2}\right)^2 \approx 0.32\ \text{mA}$$

$$U_{DSQ} = U_{DD} - I_{DQ} R_S = 15 - 0.32 \times 12 \approx 11.2\ \text{V}$$

所以,直流工作点为

$$U_{GS} = -0.87\ \text{V}; \quad I_{DS} = 0.32\ \text{mA}; \quad U_{DSQ} = 11.2\ \text{V}$$

$$g_m = -\frac{2 I_{DSS}}{U_P}\left(1 - \frac{U_{GS}}{U_P}\right) = \left(1 - \frac{0.87}{2}\right) = 0.57\ \text{mA/V}$$

$$A_u = \frac{g_m R_L'}{1 + g_m R_L'} = \frac{0.57 \times 6}{1 + 0.57 \times 6} \approx 0.77$$

$$r_i = R_{G1} /\!/ R_{G2} = 2 /\!/ 0.5 = 0.4\ \text{M}\Omega = 400\ \text{k}\Omega$$

$$r_o = R_S /\!/ \frac{1}{g_m} = 12 /\!/ \frac{1}{0.57} = 1.53\ \text{k}\Omega$$

11. 由场效应管及三极管组成二级放大电路如图 4 - 18 所示,场效应管参数为 $I_{DSS}=2\ mA$, $g_m=1\ mA/V$;三极管参数 $r_{bb'}=86\ \Omega$, $\beta=80$。

(1) 估算电路的静态工作点;

(2) 计算两级放大电路的电压放大倍数 A_u、输入电阻 r_i 和输出电阻 r_o。

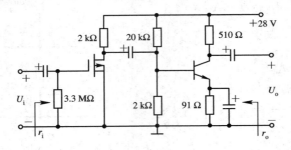

图 4 - 18 题 11 图

解:(1) 场效应管放大电路为零偏压,因此

$$U_{GSQ} = 0\ V$$

$$I_{DQ} = I_{DSS} = 2\ mA$$

$$U_{DSQ} = U_{DO} - I_{OQ}R_D = 28 - 2 \times 2 = 24\ V$$

三极管放大电路

$$U_B = \frac{2}{20+2}U_{DD} \approx 2.5\ V$$

$$I_{EQ} = \frac{U_B - U_{BE}}{R_e} = \frac{1.8}{0.091} \approx 20\ mA$$

$$U_{CEQ} = U_{DD} - I_{CQ}(R_c + R_e) = 28 - 20 \times 0.6 = 16\ V$$

(2)

$$r_{be} = 86 + 81 \times \frac{26}{20} = 86 + 105 = 191\ \Omega$$

$$A_{u1} = -g_m R'_{L1}$$

$$R'_{L1} = 2\ k\Omega // 2\ k\Omega // 20\ k\Omega // 0.191 \approx 159\ \Omega$$

所以

$$A_{u1} = -1 \times 0.159 \approx -0.16$$

$$A_{u2} = -\frac{\beta R'_L}{r_{be}} = -\frac{80 \times 0.51}{0.191} \approx -214$$

$$A_u = A_{u1} \cdot A_{u2} = 0.16 \times 214 = 34.24$$

$$r_i = r_{i1} = R_G = 3.3\ M\Omega$$

$$r_o = r_{o2} = R_c = 510\ \Omega$$

第五章　负反馈放大电路

由于实际中，根据放大器应用的情况不同，人们对放大器的性能提出了不同的需求，而基本放大器又满足不了这些需求，此时作为电路工作者最常用的方法就是采用负反馈技术。本章主要讲述了反馈的基本概念、负反馈对放大器性能的影响，以及深度负反馈放大器的增益估算。最后介绍了负反馈放大器中可能出现的自激振荡。

本章是重点章节之一，学习本章时应着重掌握以下内容：

（1）何谓反馈；正、负反馈的定义及其判定方法；反馈组态的判定。

（2）负反馈对放大器的性能有何影响；对于给定的反馈放大器，能正确地找出反馈网络，并能判定由其引入的反馈类型，确定其性能指标的改善程度；根据对放大器性能的要求，能够正确地引入负反馈。

（3）深度负反馈放大器的闭环增益估算。

5.1　本　章　小　结

5.1.1　反馈类型的判定

1. 组态的判定

在交流通路中，若反馈网络的取样端和负载接于同一个放大器件的同一个电极上（不考虑参考地），则为**电压反馈**，否则，为**电流反馈**。

如图 5-1 所示，C_2 对交流短路，所以，在交流通路中，反馈电阻 R_f 与负载电阻 R_L 都接在晶体管 V_2 的集电极，故 R_f 引入电压反馈。R_{e2} 接于 V_2 的射极，R_L 接于 V_2 的集电

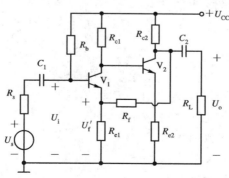

图 5-1　反馈电路

极，故 R_{e2} 引入第二级的单级电流反馈。

在交流通路中，若反馈网络的比较端和信号源的输出端接于同一个放大器件的同一个电极上，则为并联反馈，否则，为串联反馈。

如图 5 - 1 中，R_f 的比较端在 V_1 的射极，而信号源的输出端接在 V_1 的基极，故 R_f 引入串联反馈。同理可判定，R_{e1}、R_{e2} 分别引入第一级和第二级的单级串联反馈。

2. 反馈极性的判定

(1) 瞬时极性法——利用电流、电压瞬时值的极性变化来判定反馈极性。

首先，假定一个变化的净输入信号，然后由此经基本放大器到反馈网络，推演出反馈信号变化的极性。最后判定反馈信号对净输入信号的影响，若使之加强，则为正反馈；若使之减弱，则为负反馈。图 5 - 1 中，对于 R_f 引入的反馈，设 $u_{b1}\uparrow$，则

$$u_{BE1}\uparrow \to i_{B1}\uparrow \to i_{C1}\uparrow \to u_{C1}\downarrow \to u_{B2}\downarrow \to i_{B2}\downarrow \to i_{C2}\downarrow \to u_{C2}\uparrow$$

$$u_{BE1}\downarrow \leftarrow u_f\uparrow \leftarrow u_{E1}\uparrow$$

可见，反馈信号 u_f 的作用是使 u_{BE1} 减弱，故 R_f 引入的是负反馈。

(2) 相位极性法——把反馈信号的注入点看作某假想放大器的输入端，把反馈网络的取样点看作该假想放大器的输出端，若该假想放大器是同相放大器，则上述反馈网络引入正反馈，若为反相放大器则为负反馈。

对于图 5 - 1 中的 R_f，其反馈信号注入点为晶体管 V_1 的射极，其取样点为晶体管 V_2 的集电极。由 V_1 的射极作为输入端，V_2 的集电极作为输出端所构成的假想放大器，其第一级是共基极放大器，它是同相放大器，其第二级是共射极放大器，它是反相放大器。因此，这两级构成的多级放大器是反相放大器，所以，R_f 引入负反馈。

3. 交流反馈与直流反馈

若反馈信号中只有交流成分，则称其为交流反馈；若反馈信号中只有直流成分，则称其为直流反馈；若反馈信号中既有交流成分又有直流成分，则称其为交直流反馈。判定方法是：若反馈环内只允许交流流通则为交流反馈；若只允许直流流通则为直流反馈；若交、直流均可流通则为交直流负反馈。图 5 - 1 中的 R_f、R_{e1}、R_{e2} 均引入交直流反馈。

5.1.2　负反馈对放大器性能的影响

本节可归纳如下：

(1) 负反馈使增益下降。

(2) 电压负反馈稳定输出电压；电流负反馈稳定输出电流。

(3) 负反馈可提高放大系数的稳定性。不同的反馈类型所稳定的放大系数不同：

· 串联电压负反馈稳定电压增益；

· 并联电压负反馈稳定互阻增益；

· 串联电流负反馈稳定互导增益；

· 并联电流负反馈稳定电流增益。

增益稳定性的提高程度用下式来表达：

$$\frac{\mathrm{d}A_\mathrm{f}}{A_\mathrm{f}} = \frac{1}{1+AF}\frac{\mathrm{d}A}{A}$$

（4）负反馈可以展宽通频带（稳定哪个增益，就展宽哪个增益的通频带），即提高上限频率，降低下限频率。

$$f_\mathrm{hf} = (1+AF)f_\mathrm{h} \qquad f_\mathrm{lf} = \frac{1}{1+AF}f_\mathrm{l}$$

（5）串联负反馈可以提高输入电阻。

$$r_\mathrm{if} = (1+AF)r_\mathrm{i}$$

并联负反馈可以减小输入电阻。

$$r_\mathrm{if} = \frac{1}{1+AF}r_\mathrm{i}$$

（6）电压负反馈可以减小输出电阻。

$$r_\mathrm{of} = \frac{1}{1+AF}r_\mathrm{o}$$

电流负反馈可以提高输出电阻。

$$r_\mathrm{of} = (1+AF)r_\mathrm{o}$$

（7）负反馈可以减小反馈环内产生的非线性失真和噪声，反馈环外侵入的或原输入信号带入的噪声和失真负反馈不起作用。

5.1.3　信号源内阻对反馈效果的影响

信号源内阻越小，串联反馈效果越好，并联反馈效果越差；信号源内阻越大，并联反馈效果越好，串联反馈效果越差。故当信号源内阻较小（趋近恒压源）时，宜引用串联反馈，当信号源内阻较大（趋近恒流源）时，宜引用并联反馈。

5.1.4　四种反馈形式的特点

（1）串联电压负反馈的特点如下：

提高输入电阻；减小输出电阻；稳定输出电压及电压增益；展宽电压增益的通频带；减小环内噪声及非线性失真。

引入深度串联电压负反馈的放大器，从输出端看，相当于一个电压控制的受控电压源。

（2）并联电压负反馈的特点如下：

减小输入电阻和输出电阻；稳定输出电压和互阻增益；展宽互阻增益的通频带；减小环内噪声及非线性失真。

引入深度并联电压负反馈的放大器，从输出端看，相当于一个电流控制的受控电压源。

（3）串联电流负反馈的特点如下：

提高输入电阻和输出电阻，稳定输出电流和互导增益；展宽互导增益的通频带；减小环内噪声和非线性失真。

引入深度串联电流负反馈的放大器，从输出端看，相当于一个电压控制的受控电流源。

(4) 并联电流负反馈的特点如下：

减小输入电阻；提高输出电阻；稳定输出电流和电流增益；展宽电流增益的通频带；减小环内噪声和非线性失真。

引入深度并联电流负反馈的放大器，从输出端看，相当于一个电流控制的受控电流源。

5.1.5 深度负反馈放大器的电压增益

因为

$$A_f = \frac{A}{1 + AF}$$

深度反馈时，$AF \gg 1$，所以

$$A_f \approx \frac{1}{F}$$

又因为 $A_f = X_o/X_i$，$F = X_f/X_o$，代入上式得：

$$\frac{X_o}{X_i} \approx \frac{X_o}{X_f}$$

所以

$$X_i \approx X_f$$

对于串联负反馈，有：$U_i \approx U_f$；

对于并联负反馈，有：$I_i \approx I_f$。

利用上式，写出 U_i 或 U_s 与 U_o 的函数式，即可求得 $A_{uf} = U_o/U_i$ 或 $A_{usf} = U_o/U_s$。上式中的 U_f 或 I_f 是深反馈的反馈信号，在求解它们时，应在深反馈的被取样信号的单独作用下进行。

5.1.6 负反馈放大器的自激振荡

当输入信号为零时，放大器仍有输出信号，这种现象叫自激振荡。

产生自激振荡的条件是，负反馈变成正反馈，并且其 $|AF| = 1$。

消除自激振荡的方法是减小反馈深度或引入相位校正网络。

5.2 典型题举例

例 1 求图 5-1 的闭环电压增益。

解：R_{e1} 上的交流电压有两部分，其一是 R_{e1} 引入的单级反馈信号，其二是 R_f 引入的多级反馈信号。多级反馈满足深反馈条件，故求 U_f 时，应在 U_o 的单独作用下求得，如图 5-2 所示。

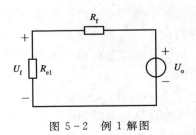

图 5-2 例 1 解图

$$U_f = \frac{R_{e1}}{R_{e1} + R_f} U_o$$

因为

$$U_i \approx U_f$$

所以

$$U_i \approx \frac{R_{e1}}{R_{e1}+R_f}U_o$$

$$A_{uf} = \frac{U_o}{U_i} \approx 1 + \frac{R_f}{R_{e1}}$$

例 2　某放大器的信号源的内阻很大，为稳定输出电压，应当引用_____负反馈。

答案：并联电压

例 3　为提高放大器的输入电阻并稳定输出电流，应当引用_____负反馈。

答案：串联电流

例 4　深度串联电流负反馈放大器相当于一个_____源。

①　压控电压　　　　②　流控电压　　　　③　压控电流　　　　④　流控电流

答案：③

例 5　利用负反馈可以使反馈环内引起的非线性失真_____。

①　不能减小　　　　②　彻底消失　　　　③　逐渐增大　　　　④　减小

答案：④

例 6　并联电流负反馈放大器的特点有_____。（多项选择题）

①　稳定输入电流　　　　②　减小输入电阻　　　　③　增大输出电阻

④　稳定输出电流　　　　⑤　稳定闭环电流增益

答案：②，③，④，⑤

例 7　在放大器中引入并联电压负反馈不能_____。（多项选择题）

①　稳定电流增益　　　　②　稳定电压增益　　　　③　增大输入电阻

④　减小输出电阻　　　　⑤　抑制反馈环内的噪声

答案：①，②，③

例 8　某放大器的输入电阻 r_i 为 2 kΩ，上限频率 f_h 为 100 kHz，下限频率 f_1 为 50 kHz，引入串联电压负反馈后，其闭环电压放大倍数 A_{uf} 为 10，并且开环电压放大倍数 A_u 变化 10% 时，闭环电压放大倍数只变化 1%，求开环电压放大倍数 A_u，反馈系数 F_u，闭环输入电阻 r_{if} 及闭环上、下限频率 f_{hf}, f_{lf}。

解：

因为

$$\frac{\Delta A_{uf}}{A_{uf}} = \frac{1}{1+F_u A_u}\frac{\Delta A_u}{A_u}$$

所以

$$1 + F_u A_u = \frac{\Delta A_u/A_u}{\Delta A_{uf}/A_{uf}} = \frac{10\%}{1\%} = 10$$

因为

$$A_{uf} = \frac{A_u}{1+F_u A_u}$$

所以

$$A_u = A_{uf}(1+F_u A_u) \approx 10 \times 10 = 100$$

故

$$F_u = \frac{(1+F_u A_u)-1}{A_u} = \frac{10-1}{100} = 0.09$$

$$r_{if} = (1+F_u A_u)r_i = 20 \text{ k}\Omega$$

$$f_{hf} = (1+F_u A_u)f_h = 1000 \text{ kHz}$$

$$f_{lf} = \frac{1}{1+F_u A_u} f_1 = 5 \text{ kHz}$$

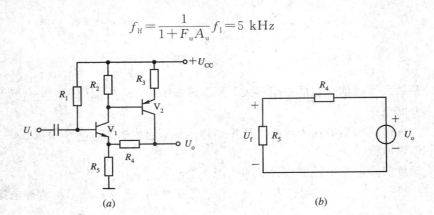

图 5 - 3 例 9 图

例 9 放大电路如图 5 - 3 所示。

（1）R_4 引入了何种反馈？若为正反馈，请在不增减元件的条件下，改成负反馈。

（2）按深反馈估算 $A_{uf} = U_o / U_i = ?$

解：（1）R_4 引入交直流串联电压负反馈。

（2）

$$U_f = \frac{R_5}{R_4 + R_5} U_o$$

而

$$U_f \approx U_i$$

所以

$$A_{uf} = \frac{U_o}{U_i} = 1 + \frac{R_4}{R_5}$$

例 10 在图 5 - 4 共集电极放大器中，R_e 引入了何种反馈？其反馈系数 F 为多大？

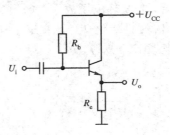

图 5 - 4 例 10 图

解：R_e 引入串联电压负反馈，反馈系数

$$F = \frac{U_f}{U_o} = \frac{U_o}{U_o} = 1$$

5.3　思考题和习题解答

1. 何谓正反馈、负反馈？如何判断放大电路的正、负反馈？

答：正反馈是指反馈信号加强原来的输入信号，使放大倍数增加。

负反馈是指反馈信号削弱原来的输入信号，使放大倍数下降。

可以利用瞬时极性法判别反馈极性：

（1）均按中频区考虑，电路中电容均不考虑。

（2）用正负号表示电路中各点电压的瞬时极性。

（3）视反馈到输入回路的反馈信号是否削弱输入信号，使净输入信号减小来判别反馈极性。如果使净输入信号减小，就是负反馈，否则是正反馈。

2. 何谓电流反馈、电压反馈？如何判断？

答：反馈信号正比于输出电流的，为电流反馈；反馈信号正比于输出电压的，为电压反馈。

判别方法：将输出端交流短路，若反馈信号 $X_f = 0$，为电压反馈；若 X_f 仍存在，则为电流反馈。注意，不少读者在初学时，错误地认为反馈回来的量是电流，则为电流反馈；是电压，就为电压反馈。这是错误的概念。无论电流或电压反馈，其反馈信号可以是电压 U_f，也可以是电流 I_f，要视反馈电路在输入端的联接方式，即是串联还是并联反馈而定。

3. 何谓串联反馈、并联反馈？如何判断？

答：输入电压 U_i 和反馈电压 U_f 在输入回路中相串联的，是串联反馈，即此时输入是用电压表示，如从电路结构上看，输入信号与反馈信号加在放大器的不同输入端上。输入电流 I_i 与反馈电流 I_f 在输入端流向同节点的，是并联反馈，即此时输入量用电流表示，如从电路结构上看，输入信号与反馈信号加至放大器的同一输入端上。

判断方法：可直接从上述电路结构上进行判断。输入信号与反馈信号是分别接至不同输入端（如从基极输入信号，从发射极引入反馈信号）的，则为串联反馈；输入信号与反馈信号同时加至同一输入端的，则为并联反馈。

4. 为使反馈效果好，对信号源内阻 R_s 和负载电阻有何要求？

答：串联负反馈要求 R_s 愈小愈好；并联反馈要求 R_s 愈大愈好。电压反馈一般 R_L 大效果较好；R_L 小一般引入电流反馈效果较好。

5. 为稳定输出电流，应引入_____；为稳定输出电压，应引入_____；为稳定静态工作点，应引入_____；为了展宽放大电路频带，应引入_____。

答案：交流电流负反馈；交流电压负反馈；直流负反馈；交流负反馈。

6. 为提高放大电路输入电阻，应引入_____；为降低放大电路输出电阻，应引入_____。

答案：交流串联负反馈；交流电压负反馈。

7. 能提高放大倍数的是_____；能稳定放大倍数的是_____。

答案：正反馈；负反馈。

8. 负反馈所能抑制的干扰和噪声是_____。

① 输入信号所包含的干扰和噪声

② 反馈环内的干扰和噪声

③ 反馈环外的干扰和噪声

答案：②

9. "负反馈改善非线性失真。所以，不管输入波形是否存在非线性失真，负反馈放大器总能将它改善为正弦波。"这种说法对吗？为什么？

答：不正确。因为负反馈仅能改善反馈放大电路自身产生的非线性失真，对输入信号的非线性失真则无能为力。

10. 四种反馈类型中，它们的放大倍数 A_f 各是什么量纲？写出它们的表示式。反馈系数 F 又是什么量纲？写出它们的表达式。

分析：回答此问题，不要死记硬背，只需注意如下几点：电流反馈输出量用电流 I_o 表示；电压反馈输出量用电压 U_o 表示；串联反馈输入量用电压 U_i、U_i'、U_f 表示；并联反馈输入量用电流 I_i、I_i'、I_f 表示。故得如下结果：

答：串联电压负反馈

$$A_{uf} = \frac{U_o}{U_i} = \frac{A_u}{1 + F_u A_u}, \qquad \text{电压放大系数}$$

$$F_u = \frac{U_f}{U_o}, \qquad \text{电压反馈系数}$$

串联电流负反馈

$$A_{gf} = \frac{I_o}{U_i} = \frac{A_g}{1 + F_r A_g}, \qquad \text{互导放大系数}$$

$$F_r = \frac{U_f}{I_o}, \qquad \text{互阻反馈系数}$$

并联电压负反馈

$$A_{rf} = \frac{U_o}{I_i} = \frac{A_r}{1 + F_g F_r}, \qquad \text{互阻放大系数}$$

$$F_g = \frac{I_f}{U_o}, \qquad \text{互导反馈系数}$$

并联电流负反馈

$$A_{if} = \frac{I_o}{I_i} = \frac{A_i}{1 + F_i A_i}, \qquad \text{电流放大系数}$$

$$F_i = \frac{I_f}{I_o}, \qquad \text{电流反馈系数}$$

11. 针对以下要求，分别填入：(a) 串联电压负反馈，(b) 并联电压负反馈，(c) 串联电流负反馈，(d) 并联电流负反馈。

(1) 要求输入电阻 r_i 大，输出电流稳定，应选用_____。

(2) 某传感器产生的是电压信号（几乎不能提供电流），经放大后要求输出电压与输入信号电压成正比，该放大电路应选用_____。

(3) 希望获得一个电流控制的电流源，应选用_____。

(4) 需要一个电流控制的电压源，应选用_____。

(5) 需要一个阻抗变换电路，要求 r_i 大，r_o 小，应选用_____。

(6) 需要一个输入电阻 r_i 小、输出电阻 r_o 大的阻抗变换电路，应选用_____。

答案：(1) (c) 　　(2) (a) 　　(3) (d) 　　(4) (b) 　　(5) (a) 　　(6) (d)

12. 串联电压负反馈稳定_____放大倍数；串联电流负反馈稳定_____放大倍数；并联电压负反馈稳定_____放大倍数；并联电流负反馈稳定_____放大倍数。

答案：电压；互导；互阻；电流

13. 电路如图 5-5 所示，判断电路引入了什么性质的反馈（包括局部反馈和级间反馈，正、负、电流、电压、串联、并联、交流、直流）。

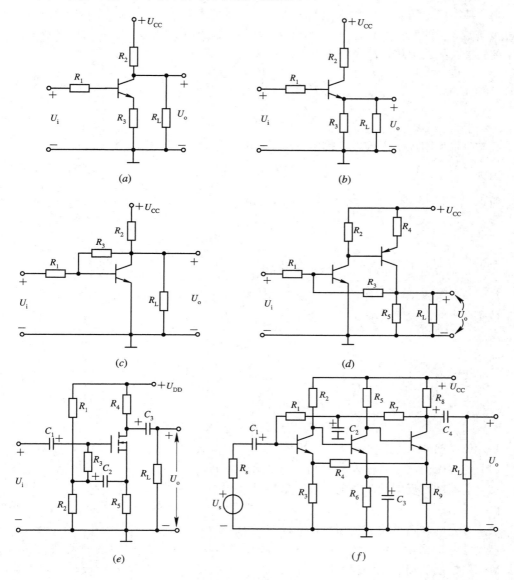

图 5-5　题 13 图

答案：图(a)是交、直流串联电流负反馈；

图(b)是交、直流串联电压负反馈；

图(c)是交、直流并联电压负反馈；

图$(d)$$R_4$ 引入第二级串联电流交、直流负反馈，R_3 引入级间交、直流并联电压正反馈；

图$(e)$$R_5$ 引入交、直流串联电流负反馈，R_3、C_2、R_5 组成交流并联电流正反馈；

图$(f)$$R_1$、$R_7$、$C_2$ 组成直流并联电压负反馈，R_3 对第一级是交、直流串联电流负反

馈，R_6、C_3 是第二级直流串联电流负反馈，R_9 是第三级交、直流串联电流负反馈，R_9、R_4、R_3 组成级间交、直流串联电流负反馈。

14. 某串联电压负反馈放大电路，如开环电压放大倍数 A_u 变化 20% 时，要求闭环电压放大倍数 A_{uf} 的变化不超过 1%，设 $A_{uf}=100$，求开环放大倍数 A_u 及反馈系数 F_u。

解：首先按放大倍数稳定性提高的表达式，求出反馈深度 $(1+F_uA_u)$。

$$\frac{\mathrm{d}A_f}{A_f}=\frac{1}{1+F_uA_u}\frac{\mathrm{d}A}{A}$$

则

$$1+F_uA_u=\frac{0.2}{0.01}=20$$

其次，根据闭环电压放大倍数的表达式，求出 A_u、F_u。

因为

$$A_{uf}=\frac{A_u}{1+F_uA_u}$$

所以

$$A_u=(1+F_uA_u)A_{uf}=20\times100=2000$$

故

$$F_uA_u=20-1$$

$$F_u=\frac{20-1}{A_u}=\frac{19}{2000}=0.0095$$

这一类型的题目主要考查读者对负反馈放大器改善性能的数学表达式的应用。

15. 一个阻容耦合放大电路在无反馈时，$A_{um}=-100$，$f_1=30\ \mathrm{Hz}$，$f_h=3\ \mathrm{kHz}$。如果反馈系数 $F=-10\%$，问闭环后 $A_{uf}=?$ $f_{lf}=?$ $f_{hf}=?$

解：

$$A_{uf}=\frac{A_u}{1+F_uA_u}=-\frac{100}{1+0.1\times100}\approx-9.1$$

$$f_{lf}=\frac{f_1}{1+F_uA_u}=\frac{30}{11}\approx2.73\ \mathrm{Hz}$$

$$f_{hf}=(1+F_uA_u)f_h=11\times3=33\ \mathrm{kHz}$$

16. 负反馈放大电路如图 5-6 所示。

(1) 定性说明反馈对输入电阻和输出电阻的影响。

(2) 求深度负反馈的闭环电压放大倍数 A_{uf}。

解：

(1) 首先应判定电路的反馈极性和反馈组态。

在图 5-6(a) 中，V_1、V_2 组成差动电路(将在第六章中讲述)，其相位关系如下：

V_1 基极为 ⊕，射极跟随即射极电位也为 ⊕；对 V_2 管子而言，是射极输入，集电极输出，即为共 b 极放大电路，所以集电极电压的变化相位同射极电压的变化，亦即也为 ⊕；V_3 是射极输出器，所以射极也为 ⊕，通过 $10\ \mathrm{k\Omega}$ 电阻使 V_2 基极电位也为 ⊕；射极再跟随一次，使 V_1 射极电位也为 ⊕，抵消了输入信号的作用，所以是串联电压负反馈。

串联电压负反馈使输入电阻增大，输出电阻降低。

图 5-6(b) 是并联电压负反馈，使输入电阻、输出电阻均降低。

(2) 图 5-6(a) 是串联反馈，所以

$$U_i\approx U_f$$

$$U_f=\frac{1}{10+1}U_o$$

$$A_{uf} = \frac{U_o}{U_i} \approx \frac{U_o}{U_f} = 11$$

输出电压、输入电压相位相同，所以 A_{uf} 是正数。

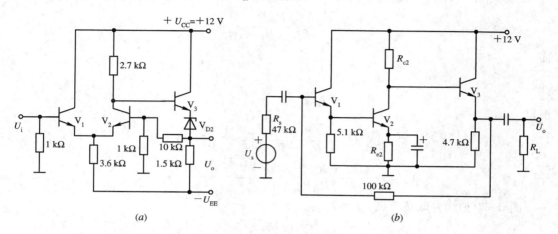

图 5 - 6　题 16 图

图 5 - 6(b)是并联反馈，所以

$$I_i \approx I_f$$

$$\frac{U_s}{R_s} \approx \frac{U_o}{R_f}$$

$$A_{usf} = \frac{U_o}{U_s} = -\frac{R_f}{R_s}$$

因为输入电压与输出电压相位相反，所以前面应加负号。

17. 负反馈放大电路如图 5 - 7 所示。

（1）判断反馈类型；

（2）说明对输入电阻和输出电阻的影响；

（3）求深度负反馈的闭环电压放大倍数。

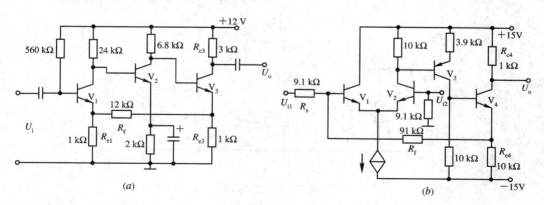

图 5 - 7　题 17 图

解：

（1）图 5 - 7(a)为串联电流负反馈；图 5 - 7(b)为并联电流负反馈。

（2）图(a)所示电路将使输入电阻增大，输出电阻增大；图(b)所示电路将使输入电阻降低，输出电阻增大。

（3）图 5-7(a)为串联负反馈，$U_i \approx U_f$，故

$$U_f = \frac{R_{e3} R_{e1}}{R_{e1} + R_{e3} + R_f} I_o$$

而

$$I_o = \frac{U_o}{R_{c3}}$$

所以

$$U_f = \frac{R_{e1} R_{e3}}{R_{e1} + R_{e3} + R_f} \times \frac{U_o}{R_{c3}}$$

$$A_{uf} = -\frac{(R_{e1} + R_{e3} + R_f) R_{c3}}{R_{e1} R_{e3}} = -\frac{14 \times 3}{1} = -42$$

图 5-7(b)为并联负反馈，$I_i \approx I_f$，故

$$I_i = \frac{U_s}{R_s} \qquad I_f = \frac{R_{e4}}{R_f + R_{e4}} I_o \qquad I_o = \frac{U_o}{R_{c4}}$$

代入得

$$\frac{U_s}{R_s} = \frac{R_{e4}}{R_f + R_{e4}} \times \frac{U_o}{R_{c4}}$$

$$A_{usf} = \frac{U_o}{U_s} = \frac{(R_f + R_{e4}) R_{c4}}{R_{e4} R_s} = \frac{(91 + 10) \times 1}{10 \times 9.1} = 1.1$$

18. 在图 5-8 电路中，为实现下述性能要求，应分别引入何种反馈？

（1）静态工作点稳定；

（2）通过 R_{c3} 的信号电流基本上不随 R_{c3} 的变化而变化；

（3）输出端接上负载后，输出电压 U_o 基本上不随 R_L 的改变而变化；

（4）向信号源索取的电流小。

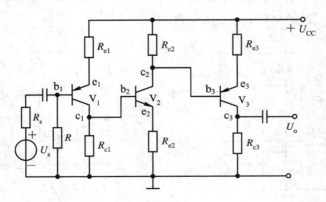

图 5-8 题 18 图

解：（1）要稳定静态工作点，只要加直流负反馈即可（无论是串联、并联、电压、电流反馈）。对此电路，可加并联电压负反馈，即 c_3 与 b_1 通过 R_f 相连；或引入串联电流负反馈，即 e_1 与 e_3 通过 R_f 相连。

（2）要求稳定输出电流，应引入电流负反馈。对该电路只能引入串联电流负反馈，即 e_1、e_3 通过 R_f 相连。

（3）要求输出电压稳定，应引入电压负反馈。对该电路只能引入并联电压负反馈。

（4）要输入电阻大，应引入串联负反馈。对该电路只能引入串联电流负反馈。

19. 在图 5-9 所示电路中，要求：

（1）稳定输出电流；

（2）提高输入电阻。

试问 j、k、m、n 四点哪两点应连起来？

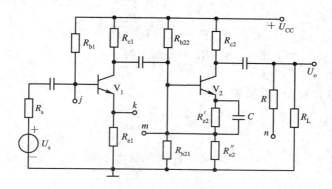

图 5-9 题 19 图

解： 按（1）、（2）要求对（1）应引入电流负反馈，而对此电路，只能引入并联电流负反馈，即 j、m 相连；对（2）应引入串联负反馈，对该电路只能引入串联电压负反馈，即 n、k 相连。

20. 放大电路如图 5-10 所示。

（1）判断反馈类型；

（2）深反馈时，估算电路的闭环电压放大倍数。

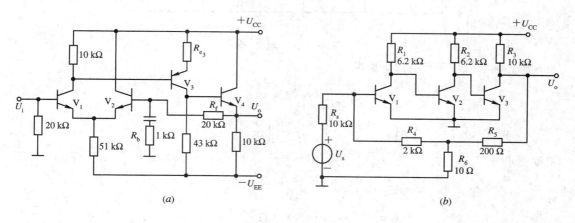

图 5-10 题 20 图

解： （1）图（a）为串联电压负反馈；图（b）为并联电压负反馈。

（2）图（a）为串联负反馈，$U_i \approx U_f$，有

$$U_f = \frac{R_b}{R_b + R_f} U_o$$

$$A_{uf} = \frac{U_o}{U_f} = 1 + \frac{R_f}{R_b} = 1 + \frac{20}{1} = 21$$

图(b)为并联负反馈，$I_i \approx I_f$，有

$$I_i = \frac{U_s}{R_s}$$

$$I_f = \frac{U_o}{R_5 + (R_4 \, /\!/ \, R_6)} \times \frac{R_6}{R_4 + R_6}$$

$$\frac{U_s}{R_s} = \frac{U_o}{R_5 + (R_4 \, /\!/ \, R_6)} \times \frac{R_6}{R_4 + R_6}$$

$$A_{usf} = \frac{U_o}{U_s} = -\frac{[R_5 + (R_4 \, /\!/ \, R_6)](R_4 + R_6)}{R_s R_6}$$

考虑实际数量级的关系，可近似为

$$A_{usf} \approx -\frac{R_5 \times R_4}{R_s \times R_6} = -\frac{2 \times 0.2}{10 \times 0.01} = -4$$

21. 电路如图 5 - 11 所示，若要使闭环电压放大倍数 $A_{usf} = \frac{U_o}{U_s} \approx 15$，计算电阻 R_f 的大小。

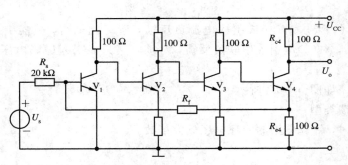

图 5 - 11　题 21 图

解：该电路是并联电流负反馈。

$$\frac{U_s}{R_s} = \frac{R_{e4}}{R_f + R_{e4}} \times \frac{U_o}{R_{c4}}$$

$$A_{usf} = \frac{U_o}{U_s} = \frac{(R_f + R_{e4})R_{c4}}{R_s \times R_{e4}}$$

根据要求

$$A_{usf} = 15 = \frac{(R_f + 0.1) \times 0.1}{20 \times 0.1}$$

$$R_f \approx 15 \times 20 = 300 \ \text{k}\Omega$$

第六章 集成运算放大器

本章讲述集成运放的内部电路和运放的主要指标。集成运放内部是一个高增益的直接耦合多级放大器。其第一级是差动放大器。为提高运放的指标，其内部大量采用恒流源作为有源负载。

学习本章时，应着重掌握如下内容：

（1）直接耦合放大器产生零漂的原因，以及零漂的量度方法；

（2）差动放大器抑制零漂的原理；

（3）典型差动放大器的静态工作点的计算；

（4）各种组态的差动放大器的 A_{ud}、A_{uc}、CMRR、r_{id}、r_{ic}、r_o 的计算；

（5）各种恒流源电路的工作原理；

（6）运放的主要指标。

6.1 本 章 小 结

6.1.1 基本概念

（1）零点：当交流输入信号为零时，放大器的输出电压值叫做放大器的零点，记作 U_{oo}。

（2）零漂：放大器的零点随时间缓慢变化的现象，叫零点漂移，简称零漂。

（3）零漂的计量：用 U_{oo}/A_u 来表征零漂的大小。U_{oo}/A_u 越大，零漂产生的影响越大。产生零漂的原因很多，主要是晶体管参数随温度而变及电源电压的波动引起的。

（4）差模信号：差动放大器两输入端的输入电压之差叫差模信号，记作 U_{id}。当电路完全对称时，每个放大管分得的差模电压大小相等，极性相反，故也常把差模信号定为大小相等、极性相反的一对信号，即 $U_{id1} = \frac{1}{2}U_{id}$，$U_{id2} = -\frac{1}{2}U_{id}$。

（5）共模信号：差动放大器两输入端上大小相等、极性相同的一对信号叫共模信号，记作 $U_{ic} = U_{ic1} = U_{ic2}$。

（6）任意信号：差动放大器两输入端上大小为任意值而且极性也是任意极性的一对信号叫任意信号，通常记作 U_{i1}、U_{i2}。任意信号可以看作是一对差模信号和一对共模信号的叠加。

$$U_{id} = U_{i1} - U_{i2}$$

$$U_{id1} = \frac{1}{2}U_{id} = \frac{1}{2}(U_{i1} - U_{i2})$$

$$U_{id2} = -\frac{1}{2}U_{id} = -\frac{1}{2}(U_{i1} - U_{i2})$$

$$U_{ic1} = U_{ic2} = U_{ic} = \frac{1}{2}(U_{i1} + U_{i2})$$

$$U_{ic1} + U_{id1} = U_{i1}$$

$$U_{ic2} + U_{id2} = U_{i2}$$

(7) 共模增益：差动放大器对共模信号的增益叫共模增益，记作 A_{uc} 或 G_{uc} 分贝。

(8) 差模增益：差动放大器对差模信号的增益叫差模增益，记作 A_{ud} 或 G_{ud} 分贝。

(9) 共模抑制比 CMRR：

$$CMRR = \frac{|A_{ud}|}{|A_{uc}|}$$

或

$$CMR = 20\,\lg\frac{|A_{ud}|}{|A_{uc}|}（分贝）$$

CMRR 越大，对共模信号的抑制能力越强。

6.1.2 差动放大器的主要指标

1. 双端输入双端输出差动放大器(完全对称时)

这种放大器的主要指标如下：

$$r_{id} = 2(r_{be} + R_s)$$

$$r_o = 2R_c$$

$$A_{ud} = \frac{\beta\left(R_c \mathbin{//} \frac{1}{2}R_L\right)}{r_{be} + R_s}$$

$$A_{uc} = 0$$

$$CMRR = \infty$$

当射极回路接有调零电阻 R_W 时，只要把以上各式中的 $(r_{be} + R_s)$ 用 $[r_{be} + R_s + (1+\beta) \times \frac{R_W}{2}]$ 取代即可。

2. 双端输入单端输出差动放大器

以长尾电路为例，其主要指标如下：

$$r_{id} = 2(r_{be} + R_s)$$

$$r_o = R_c$$

$$A_{ud} = \pm\frac{\beta(R_c \mathbin{//} R_L)}{2(r_{be} + R_s)}$$

$$A_{uc} = \frac{\beta(R_c \mathbin{//} R_L)}{r_{be} + R_s + (1+\beta)2R_e}$$

$$CMRR = \frac{r_{be} + R_s + (1+\beta)2R_e}{2(r_{be} + R_s)} \approx \frac{\beta R_e}{r_{be} + R_s}$$

对于恒流源差动放大器，只要将 R_e 用恒流源的等效输出电阻 r_{o3} 取代即可。

3. 单端输入差动放大器

只要将其改为输入为任意信号的双端输入即可，但要细心判定 U_o 与 U_i 的相位关系。

4. 镜像电流源、威尔逊电流源、微电流源的工作原理及用途

用恒流源可以同时为多个放大器提供不同数值的稳定偏置电流，也可以用作放大器的有源负载，以提高电压放大倍数。

6.2　典 型 题 举 例

例 1　差动放大器主要利用_____来抑制零漂。

答案：对称特性

例 2　完全对称的长尾差动放大器中的 R_e 对共模信号_____反馈；对差模信号_____反馈。

答案：产生串联电流负　　不产生

例 3　把长尾差动放大器中的 R_e 改为恒流源可以_____。

① 提高差模增益　　　　　　　② 提高差模输入电阻

③ 提高共模增益　　　　　　　④ 提高共模抑制比

答案：④

例 4　差动放大器的两个输入电压分别为 $U_{i1}=5$ V、$U_{i2}=3$ V，则其共模输入电压为_____。

① 1 V　　　　　② 2 V　　　　　③ 3 V　　　　　④ 4 V

答案：④

例 5　对差动放大器而言，下列说法正确的有_____。（多项选择题）

① 双端输出时，主要靠电路的对称性来抑制零漂。

② 单端输出的长尾电路，主要靠射极公共支路上的电阻 R_e 引入负反馈来抑制零漂。

③ 单端输出的恒流源差动电路主要靠恒流源的恒流特性来抑制零漂。

④ 在外界条件相同的情况下，同一结构的差动放大器采用单端输出时，其零漂要比采用双端输出时大。

⑤ 运算放大器内部电路第一级均采用差动电路的原因是可以减小运放的零漂。

答案：①②③④⑤

例 6　对于图 6-1，下列结论正确的有_____。（多项选择题）

① $A_{ud}=-\dfrac{\beta(R_c /\!/ R_L)}{2r_{be}}$

② $A_{ud}=\dfrac{\beta(R_c /\!/ R_L)}{2r_{be}}$

③ $r_o=2R_c$

④ $r_o=R_c$

⑤ $r_o=R_c /\!/ R_L$

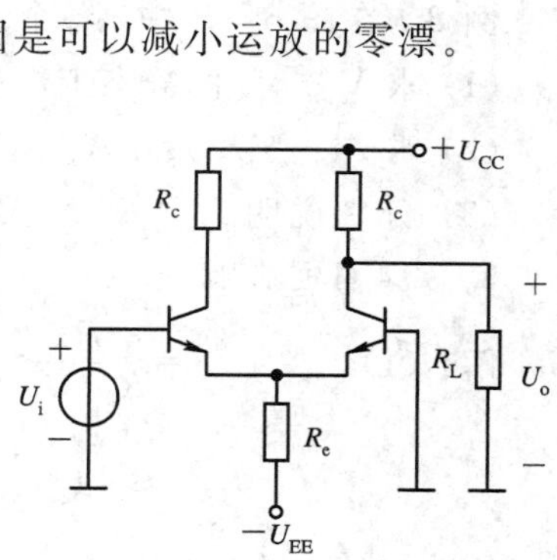

图 6-1　例 6 图

答案：② ④

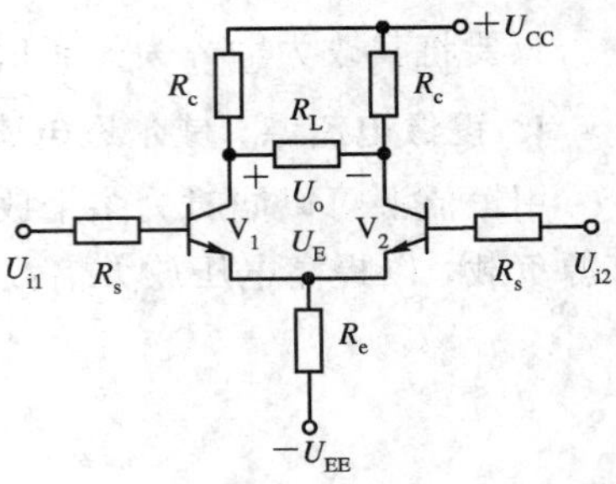

例 7 在图 6 - 2 中，每个外接元件及管子的参数均已知，电路完全对称。

(1) 求 V_1，V_2 的静态工作点 I_{CQ}，U_{CEQ}。

(2) 求 A_{ud}，r_{id}，r_{od}，A_{uc}，CMRR。

(3) 说明 R_e 引入的反馈类型是什么。

(4) 增大 R_e 对 r_{id}，A_{ud} 有何影响？

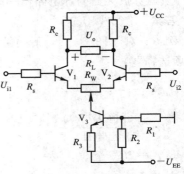

图 6 - 2 例 7 图

解：(1) 由直流通路得：

$$I_{BQ1} = I_{BQ2} = \frac{U_{EE} - U_{BE}}{R_s + 2(1+\beta)R_e}$$

$$I_{CQ1} = I_{CQ2} = \beta I_{BQ1}$$

$$U_{CEQ} = U_{CEQ2} = U_{CC} + U_{EE} - I_{CQ1}R_c - 2I_{EQ1}R_e$$

若已知条件中给定 V_1，V_2 的静态基极电位为零，则可如下求解 I_{CQ}，U_{CEQ}。

由于射极电位 $U_{EQ} = -U_{BEQ}$，又因为

$$U_{EQ} = 2I_{EQ1}R_e - U_{EE}$$

所以

$$I_{EQ1} = I_{EQ2} = \frac{U_{EE} - U_{BEQ}}{2R_e} \approx I_{CQ1} = I_{CQ2}$$

$$U_{CEQ1} = U_{CEQ2} = U_{CQ1} - U_{EQ}$$
$$= U_{CC} - I_{CQ1}R_c - (-U_{BEQ})$$
$$= U_{CC} - I_{CQ1}R_c + U_{BEQ}$$

(2)
$$A_{ud} = \frac{U_o}{U_{id}} = \frac{U}{U_{i1} - U_{i2}} = \frac{-\beta\left(R_c \,//\, \frac{1}{2}R_L\right)}{R_s + r_{be}}$$

$$r_{id} = \frac{U_{id}}{I_{id}} = \frac{U_{i1} - U_{i2}}{I_{B1}} = 2(r_{be} + R_s)$$

$$r_{od} = 2R_c, \quad A_{uc} = 0, \quad CMRR = \infty$$

(3) R_e 对直流和共模信号引入串联电流负反馈；对差模信号不产生反馈。

(4) $R_e \uparrow \rightarrow I_{EQ} \downarrow \rightarrow r_{be} \uparrow < \begin{array}{l} u_{id} \uparrow \\ A_{ud} \downarrow \end{array}$

例 8 在图 6 - 3 中，各个元件值及管子参数均已知，电路完全对称。

(1) 求 V_1、V_2 的静态工作点 I_{CQ}、U_{CEQ}。

(2) 求 A_{ud}、r_{id}、r_{od}、A_{uc}、CMRR。

(3) 分别说明 R_2、R_3 增大，对差动放大器的 r_{id}、A_{ud}、r_o 有何影响。

解：(1)
$$U_{R_2} = \frac{R_2}{R_2 + R_1}U_{EE}$$

$$I_{CQ3} \approx I_{EQ3} = \frac{U_{R_2} - U_{BEQ3}}{R_3}$$

因为电路对称，所以有

图 6 - 3 例 8 图

$$I_{CQ1} = I_{CQ2} = \frac{1}{2} I_{CQ3}$$

$$U_{CEQ1} = U_{CEQ2} = U_{CQ1} - U_{EQ1} = (U_{CC} - I_{CQ1} R_c) - (-U_{BEQ1} - I_{BQ1} R_s)$$

$$= U_{CC} - I_{CQ1} R_c + U_{BEQ1} + I_{BQ1} R_s$$

由于 I_{BQ1} 很小，在 R_s 上压降也很小，故 V_1、V_2 的静态基极电位可视为零，则 U_{CEQ1}、U_{CEQ2} 可如下求解：

$$U_{CEQ1} = U_{CEQ2} = U_{CQ1} - U_{EQ1} = (U_{CC} - I_{CQ1} R_c) - (-U_{BEQ1})$$

$$= U_{CC} - I_{CQ1} R_c + U_{BEQ1}$$

(2)
$$A_{ud} = \frac{U_o}{U_{id}} = \frac{U_o}{U_{i1} - U_{i2}} = \frac{-\beta\left(R_c \mathbin{/\!/} \frac{1}{2} R_L\right)}{R_s + r_{be} + (1+\beta)\dfrac{R_w}{2}}$$

$$r_{id} = \frac{U_{id}}{I_{id}} = 2\left[R_s + r_{be} + (1+\beta)\frac{R_w}{2}\right]$$

$$r_{od} = 2R_c$$

$$A_{uc} = 0$$

$$CMRR = \infty$$

(3)
$$R_2 \uparrow \rightarrow U_{BQ3} \uparrow \rightarrow I_{EQ3} \uparrow \rightarrow I_{EQ1} \uparrow \rightarrow r_{be1} \downarrow \rightarrow \begin{cases} r_{id} \downarrow \\ A_{ud} \uparrow \\ r_o \ 不变 \end{cases}$$

$$R_3 \uparrow \rightarrow I_{EQ3} \downarrow \rightarrow I_{EQ1} \downarrow \rightarrow r_{be1} \uparrow \rightarrow \begin{cases} r_{id} \uparrow \\ A_{ud} \downarrow \\ r_o \ 不变 \end{cases}$$

6.3 思考题和习题解答

1. 直接耦合放大电路有哪些主要特点？

答：① 可以放大缓变乃至直流信号；② 各级放大器的直流工作点不独立而且相互影响，使每级工作点的设计和分析计算变得复杂；③ 前级工作点的缓慢变化会被后级放大，使输出产生严重的零点漂移现象，如果对其不能有效地加以克服，将影响放大器的正常工作。

2. 零点漂移产生的原因是什么？

答：在直接耦合放大电路中，由于前级（主要是第一级）放大器的器件参数会随温度发生缓慢变化，使工作点随机漂移，这种漂移被后级逐级放大，从而在输出端产生零点漂移。

3. A、B 两个直接耦合放大电路，A 放大电路的电压放大倍数为 100，当温度由 20℃变到 30℃时，输出电压漂移了 2 V；B 放大电路的电压放大倍数为 1000，当温度从 20℃变到 30℃时，输出电压漂移了 10 V。试问哪一个放大器的零漂小？为什么？

解：在 20℃至 30℃的温度变化范围内，A 放大器的等效输入漂移电压为

$$U_{ipA} = \frac{U_{opA}}{A_{uA}} = \frac{2}{100} = 0.02 \text{ V}$$

B 放大器的等效输入漂移电压为

$$U_{ipB} = \frac{U_{opB}}{A_{uB}} = \frac{10}{1000} = 0.01 \text{ V}$$

由于 $U_{ipA} > U_{ipB}$，所以 B 放大器的零漂小。

4. 差动放大电路能有效地克服温漂，这主要是通过_____实现的。

答案：电路的对称性及射极耦合电阻 R_e 的负反馈作用

5. 何为差模信号？何为共模信号？若在差动放大器的一个输入端加上信号 $U_{i1} = 4 \text{ mV}$，而在另一输入端加入信号 U_{i2}。当 U_{i2} 分别为

(1) $U_{i2} = 4 \text{ mV}$　　　(2) $U_{i2} = -4 \text{ mV}$　　　(3) $U_{i2} = -6 \text{ mV}$　　　(4) $U_{i2} = 6 \text{ mV}$

时，求出上述四种情况的差模信号 U_{id} 和共模信号 U_{ic} 的数值。

答：一对幅度相等而极性相反的信号称为差模信号；一对幅度相等而极性相同的信号称为共模信号。

(1) $U_{id} = U_{i1} - U_{i2} = 4 - 4 = 0$；　　$U_{ic} = \frac{1}{2}(U_{i1} + U_{i2}) = \frac{1}{2}(4 + 4) = 4 \text{ mV}$

(2) $U_{id} = 4 - (-4) = 8 \text{ mV}$；　　$U_{ic} = \frac{1}{2}[4 + (-4)] = 0$

(3) $U_{id} = 4 - (-6) = 10 \text{ mV}$；　　$U_{ic} = \frac{1}{2}[4 + (-6)] = -1 \text{ mV}$

(4) $U_{id} = 4 - 6 = -2 \text{ mV}$；　　$U_{ic} = \frac{1}{2}(4 + 6) = 5 \text{ mV}$

6. 长尾式差动放大电路中 R_e 的作用是什么？它对共模输入信号和差模输入信号有何影响？

答：长尾式差动放大电路中 R_e 的作用是将两个共射放大器耦合在一起；确定电路的静态工作电流，并稳定 V_1、V_2 的静态工作点。R_e 对共模信号产生负反馈，使差放管输出的共模电压减小；对差模信号无反馈作用。

7. 恒流源式差动放大电路为什么能提高对共模信号的抑制能力？

答：恒流源具有大的输出动态电阻，从而加强了对共模信号的负反馈作用。

8. 差模电压放大倍数 A_{ud} 是_____之比；共模放大倍数 A_{uc} 是_____之比。

答案：输出差模电压与两输入端的差模电压；输出共模电压与两输入端的共模电压

9. 共模抑制比 CMRR 是_____，CMRR 越大表明电路_____。

答案：差模电压放大倍数与共模电压放大倍数之比的绝对值；对共模信号的抑制能力越强

10. 差动放大电路如图 6-4 所示。已知两管的 $\beta = 100$，$U_{BE} = 0.7 \text{ V}$。

(1) 计算静态工作点。

(2) 求差模电压放大倍数 $A_{ud} = \dfrac{U_o}{U_{id}}$ 及差模输入电阻 r_{id}。

(3) 求共模电压放大倍数 $A_{uc} = \dfrac{U_{o1}}{U_{ic}}$ 及共模输入电阻 r_{ic}。

(两输入端连在一起)

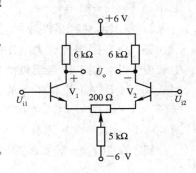

图 6-4　题 10 图

（4）求单端输出情况下的共模抑制比 CMRR。

解：（1）因为
$$I_{E1Q} = I_{E2Q}$$

所以
$$U_{BE1} + \frac{1}{2}R_W I_{E1Q} + 2R_e I_{E1Q} = U_{EE}$$

$$0.7 + 0.1 I_{E1Q} + 2 \times 5 I_{E1Q} = 6$$

$$I_{E1Q} = \frac{5.3}{10.1} = 0.52 \text{ mA}$$

故
$$I_{C1Q} = I_{C2Q} \approx I_{E1Q} = 0.52 \text{ mA}$$

$$U_{CE1Q} = U_{CE2Q} = U_{CC} + 0.7 - I_{C1Q}R_e = 6 + 0.7 - 0.52 \times 6 = 6.6 \text{ V}$$

（2）
$$A_{ud} = \frac{U_o}{U_{id}} = \frac{U_o}{U_{i1} - U_{i2}} = -\frac{\beta R_c}{r_{be} + (1+\beta)\frac{1}{2}R_W}$$

其中
$$r_{be} = r_{bb'} + (1+\beta)\frac{26}{I_{EQ}} = 300 + 101 \times \frac{26}{0.52} = 5.35 \text{ k}\Omega$$

则
$$A_{ud} = -\frac{100 \times 6}{5.35 \times 101 \times 0.1} = -38.8$$

$$r_{id} = 2r_{be} + (1+\beta)R_W = 2 \times 5.35 + 101 \times 0.2 = 30.9 \text{ k}\Omega$$

（3）
$$A_{uc} = \frac{U_{o1}}{U_{ic}} = \frac{\beta R_c}{r_{be} + (1+\beta)\frac{1}{2}R_W + (1+\beta)2R_e}$$

$$= -\frac{100 \times 6}{5.35 + 101 \times 0.1 + 101 \times 2 \times 5} = -0.59$$

$$r_{ic} = \frac{1}{2}\left[r_{be} + (1+\beta)\frac{1}{2}R_W + (1+\beta)2R_e\right]$$

$$= \frac{1}{2}[5.35 + 101 \times 0.1 + 101 \times 2 \times 5] = 512.73 \text{ k}\Omega$$

（4）
$$CMRR = \left|\frac{A_{ud(单)}}{A_{uc(单)}}\right| = \left|\frac{\frac{1}{2}A_{ud}}{A_{uc}}\right| = \frac{1}{2} \times \frac{38.8}{0.59} = 32.9$$

11. 电路如图 6-5 所示，三极管的 β 均为 100，U_{BE} 和二极管正向管压降 U_D 均为 0.7 V。

（1）估算静态工作点；

（2）估算差模电压放大倍数 A_{ud}；

（3）估算差模输入电阻 r_{id} 和输出电阻 r_{od}。

解：（1）
$$U_{AB} = 2U_D + U_{R_2}$$

$$= 2U_D + \frac{R_2(U_{EE} - 2U_D)}{R_1 + R_2}$$

$$= 2 \times 0.7 + \frac{1.5 \times (6 - 2 \times 0.7)}{3.2 + 1.5}$$

$$= 2.87 \text{ V}$$

$$I_{C3} \approx I_{E3} = \frac{U_{AB} - 0.7}{R_3} = \frac{2.87 - 0.7}{2.2} \approx 1 \text{ mA}$$

$$I_{C1Q} = I_{C2Q} \approx I_{E1Q} = I_{E2Q} = \frac{1}{2} I_{C3} = 0.5 \text{ mA}$$

$$U_{CE1Q} = U_{CE2Q} = U_{CC} + 0.7 - I_{C1Q} \cdot R_c = 6 + 0.7 - 0.5 \times 7.75 = 2.8 \text{ V}$$

(2)　　$r_{be1} = r_{be2} = r_{bb'} + (1+\beta)\dfrac{26}{I_{EQ}} = 300 + 101 \times \dfrac{26}{0.5} = 5.55 \text{ k}\Omega$

$$A_{ud} = \frac{U_o}{U_{id}} = -\frac{\beta\left(R_c \mathbin{/\mkern-5mu/} \frac{1}{2} R_L\right)}{r_{be1}} = -\frac{100\left(7.75 \mathbin{/\mkern-5mu/} \frac{1}{2} \times 15\right)}{5.55} = -68.7$$

(3)　　$r_{id} = 2r_{be} = 2 \times 5.55 = 11.1 \text{ k}\Omega$

$$r_{od} = 2R_c = 2 \times 7.75 = 14.5 \text{ k}\Omega$$

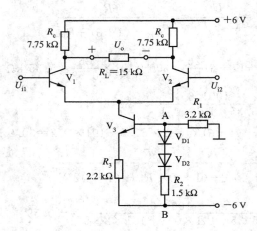

图 6 - 5　题 11 图

12. 电路如图 6 - 6 所示，假设 $R_c = 30 \text{ k}\Omega$，$R_s = 5 \text{ k}\Omega$，$R_e = 20 \text{ k}\Omega$，$U_{CC} = U_{EE} = 15 \text{ V}$，$R_L = 30 \text{ k}\Omega$，三极管的 $\beta = 50$，$r_{be} = 4 \text{ k}\Omega$，求：

(1) 双端输出时的差模放大倍数 A_{ud}。

(2) 改双端输出为从 T_1 的集电极单端输出，试求此时的差模放大倍数 A_{ud}，共模放大倍数 A_{uc}，以及共模抑制比 CMRR。

(3) 在(2)的情况下，设 $U_{i1} = 5 \text{ mV}$，$U_{i2} = 1 \text{ mV}$，则输出电压 $U_o = ?$

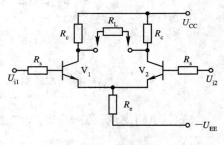

图 6 - 6　题 12 图

解：

(1)　　$A_{ud} = \dfrac{U_o}{U_{id}} = -\dfrac{\beta\left(R_c \mathbin{/\mkern-5mu/} \frac{1}{2} R_L\right)}{R_s + r_{be}} = -\dfrac{50\left(30 \mathbin{/\mkern-5mu/} \frac{30}{2}\right)}{5+4} = -55.6$

(2)　　$A_{ud(单)} = \dfrac{U_{o1}}{U_{id}} = -\dfrac{1}{2}\dfrac{\beta(R_c \mathbin{/\mkern-5mu/} R_L)}{R_s + r_{be}} = -\dfrac{1}{2}\dfrac{50(30 \mathbin{/\mkern-5mu/} 30)}{5+4} = -41.7$

$A_{uc(单)} = \dfrac{U_{o1}}{U_{ic}} = -\dfrac{\beta(R_c \mathbin{/\mkern-5mu/} R_L)}{R_s + r_{be} + (1+\beta)2R_e} = -\dfrac{50(30 \mathbin{/\mkern-5mu/} 30)}{5+4+51 \times 2 \times 20} = -0.37$

$\text{CMRR}_{(单)} = \left|\dfrac{A_{ud(单)}}{A_{uc(单)}}\right| = \dfrac{41.7}{0.37} = 112.7$

(3)
$$U_o = A_{ud(单)}(U_{i1}-U_{i2}) + A_{uc(单)}\frac{U_{i1}+U_{i2}}{2}$$

$$= -41.7 \times (5-1) + (-0.37) \times \frac{5+1}{2} = 166.8 \text{ mV}$$

13. 电路如图 6-7 所示，设各三极管的 β 均为 50，U_{BE} 均为 0.7 V。

(1) 要使 $U_i=0$ 时，$U_o=0$，则 R_{c3} 应选多大？

(2) 为稳定输出电压，应引入什么样的级间反馈？反馈电阻 R_f 应如何连接？如要使 $A_{uf}=|10|$，则 R_f 应选多大？（假设满足深反馈条件）

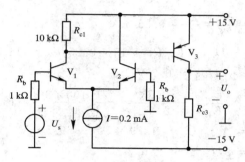

图 6-7　题 13 图

解：

(1)
$$I_{C1Q} = I_{R_{c1}} + I_{B3} = \frac{|U_{BE3}|}{R_{c1}} + I_{B3} = \frac{I}{2}$$

$$I_{B3} = \frac{I}{2} - \frac{|U_{BE3}|}{R_{c1}} = \frac{0.2}{2} - \frac{0.7}{10} = 0.03 \text{ mA}$$

$$I_{C3} = \beta I_{B3} = 50 \times 0.03 = 1.5 \text{ mA}$$

因为 $U_i=0$ 时 $U_o=0$，所以 $U_{R_{c3}}=15$ V，故

$$R_{c3} = \frac{U_{R_{c3}}}{I_{C3}} = \frac{15}{1.5} = 10 \text{ k}\Omega$$

(2) 应引入串联电压负反馈。将反馈电阻 R_f 接在 V_2 管的基极和 V_3 管的集电极（即 U_o 端）之间。在满足深反馈条件下有

$$A_{uf} = \frac{R_b + R_f}{R_b} = \frac{1 + R_f}{1} = 10$$

解得
$$R_f = 9 \text{ k}\Omega$$

14. 电路如图 6-8 所示。

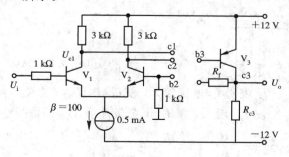

图 6-8　题 14 图

（1）V_3 未接入时，计算差动放大电路 V_1 管 U_{C1Q} 和 U_{EQ}，设 $\beta_1=\beta_2=100$，$U_{BE1}=U_{BE2}=0.7$ V。

（2）当输入信号电压 $U_i=+5$ mV 时，U_{c1} 和 U_{c2} 各是多少？给定 $r_{be}=10.8$ kΩ。

（3）如接入 V_3，并通过 c3 经电阻 R_f 反馈到 V_2 管的基极 b2，试问 b3 应与 c1 还是 c2 相连才能实现负反馈？

（4）在上题情况下，若 $AF\gg1$，试计算 R_f 为多大才能使引入负反馈后的放大倍数 $A_{uf}=\dfrac{U_o}{U_i}=10$。

解：（1）
$$I_{C1Q}=\frac{1}{2}I=\frac{0.5}{2}=0.25 \text{ mA}$$
$$U_{C1Q}=U_{CC}-I_{C1Q}R_c=15-0.25\times3=14.25 \text{ V}$$
$$U_{EQ}\approx-U_{BE1}=0.7 \text{ V}$$

（2）
$$A_{ud(单)}=\frac{U_{c1}}{U_{id}}=-\frac{1}{2}\frac{\beta R_c}{r_{be}}=-\frac{1}{2}\frac{100\times3}{10.8}=-13.9$$
$$U_{c1}=A_{ud(单)}U_{id}=13.9\times5=-69.5 \text{ mV}$$
$$U_{c2}=-U_{c1}=69.5 \text{ mV}$$

（3）b3 应与 c1 相连才能实现负反馈。

（4）
$$A_{uf}=\frac{U_o}{U_i}=\frac{R_b+R_f}{R_b}=\frac{1+R_f}{1}=10$$
$$R_f=9 \text{ kΩ}$$

15. 电路如图 6-9(a)所示。

（1）静态时，设 $U_{BE1}=U_{BE2}=0.6$ V，求 I_{C2}。

（2）设 $R_{c2}=10$ kΩ，$U_{BE3}=-0.68$ V，$\beta_3=100$，求 I_{C3}。

（3）若 $U_i=0$ 时，$U_o>0$ V，为使 $U_o=0$，应将 R_{c2} 增大还是减小？

（4）设满足深反馈条件，估算 $A_{usf}=U_o/U_s=$？

（5）若希望放大器向信号源索取的电流较小，并且负载能力强，电路应做哪些变动（不可增减元件）？

（6）若该放大器的波特图如图 6-9(b)所示，判断该电路是否会产生自激振荡。

解：（1）
$$I_{R_e}=\frac{(-U_{BE2}+U_{EE})}{R_e}=\frac{(-0.6+15)}{72}=0.2 \text{ mA}$$
$$I_{C2}=\frac{1}{2}I_{R_e}=\frac{1}{2}\times0.2=0.1 \text{ mA}$$

（2）
$$I_{C2}=I_{R_{c2}}+I_{B3}=\frac{|U_{BE3}|}{R_{c2}}+\frac{I_{C3}}{\beta_3}=0.1 \text{ mA}$$
$$I_{C3}=\left[0.1-\frac{|U_{BE3}|}{R_{c2}}\right]\beta_3=\left[0.1-\frac{0.68}{10}\right]\times100=3.2 \text{ mA}$$

（3）$U_i=0$ 时，$U_o>0$，表明 I_{C3} 电流较大，使 $U_{C3}>U_{BE3}$。为使 $U_o=0$，应减小 I_{C3}，即减小 I_{B3}。这时应减小 R_{c2}，使 $I_{R_{c2}}$ 增大，在 I_{C2} 恒定条件下，I_{B3} 即可减小，从而 I_{C3} 减小。

（4）
$$A_{usf}=-\frac{R_f}{R_s}=-\frac{20}{1}=-20$$

（5）这时电路应引入串联电压负反馈。可将 b3 改接到 c1 端，同时要将 R_f 改接到 b2 端。

（6）由于 $|\dot{A}\dot{F}| = 0$ dB 时相移滞后已超过 $180°$，故电路闭环后会产生自激。

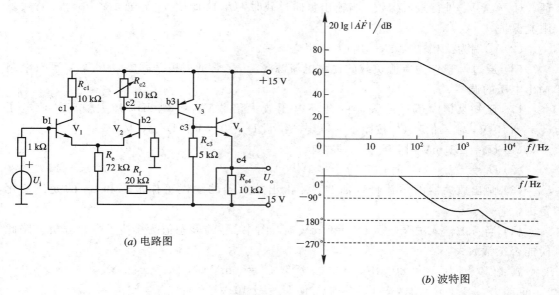

(a) 电路图　　　　(b) 波特图

图 6 - 9　题 15 图

16. 集成运算放大器 5G28 的原理电路如图 6 - 10 所示。

（1）电路由哪几部分组成？各部分电路有什么特点？

（2）判断两个输入端哪一个是同相输入端？哪一个为反相输入端？

（3）电路是如何实现对输出电压的调零的？

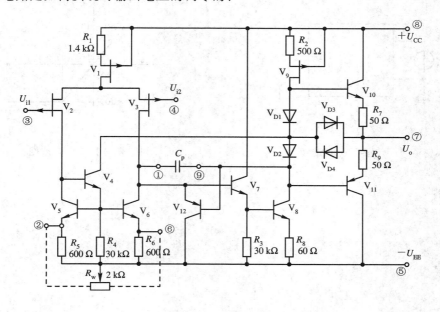

图 6 - 10　题 16 图

解:(1)电路由四部分组成:V_2、V_3 构成场效应管差动输入级;V_1 为其恒流源,V_5、V_6 为差放管的有源负载;V_7、V_8 构成有源负载的复合管共射放大器;V_{10}、V_{11} 组成互补的射极输出级;V_{D3}、V_{D4} 和 V_{12} 为保护电路,当输出电流过大或不慎短路时,V_{D3}、V_{D4} 导通,对 V_{10}、V_{13} 进行限流保护,当输出负向过载时,U_{C3} 降低使 V_{12} 导通,对 V_7、V_8 管实现限流保护。

(2)③端为反相输入端,④端为同相输入端。

(3)通过调整作为有源负载的比例电流源 V_5、V_6 管的射极并联电阻 R_W,实现对电路输出电压的调零。

17. 已知某集成运算放大器的开环电压放大倍数 $A_{ud} = 80$ dB,最大输出峰值电压 $U_p = \pm 10$ V,输入信号 U_s 按图 6-11 连接,设 $U_s = 0$ V 时,$U_o = 0$ V。

(1)$U_s = \pm 1$ mV 时,U_o 等于多少伏?

(2)$U_s = \pm 1.5$ mV 时,U_o 等于多少伏?

(3)画出放大器的传输特性曲线,并指出放大器的线性工作范围和 U_s 的允许变化范围。

(4)当考虑输入失调电压 $U_{IO} = 2$ mV 时,图中 U_o 的静态值为多少?由此分析电路此时能否正常放大。

解:(1)因为 $A_{ud} = 80$ dB$= 10\ 000$,所以 $U_s = 1$ mV 时,$U_o = \pm 10$ V。

(2)$U_s = 1.5$ mV 时,输出被限幅,使 $U_o = \pm 10$ V。

(3)如图 6-12 所示,放大器的线性工作范围 $|U_s| < 1$ mV。

(4)当 $U_{IO} = 2$ mV 时,U_o 静态值为 ± 10 V,即会超出放大器的线性范围,使后级放大器过载。此时电路将无法正常工作。

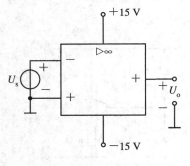

图 6-11 题 17 图

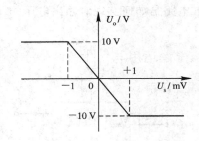

图 6-12 题 17 解图

第七章　运算放大器的应用

随着科学技术的发展，将放大电路用工艺的方法制造在半导体芯片上——运算放大器。所以如何应用运算放大器实现我们的需求就十分重要，这也是我们学习的重点之一。本章主要讲述运放的线性应用电路(包括运算电路和有源滤波器)和非线性应用电路(包括简单电压比较器和滞回电压比较器)。

本章是重点章节，学习本章时应当掌握的主要内容有：

(1) 理想运放的线性运用和非线性运用的条件及分析方法；

(2) 反相、同相和差动比例放大器的电路结构及其性能、特点；

(3) 反相、同相和代数求和电路的构成及其性能、特点；

(4) 反相积分器和微分器的输出电压的计算及输出电压波形的画法；

(5) 乘法器的应用；

(6) 一阶 RC 滤波器的构成，通带增益和截止频率的计算，幅频特性曲线的画法；

(7) 电压比较器的阈值求解，传输特性曲线的画法，对应给定的输入电压波形能画出输出电压波形。

7.1　本章小结

7.1.1　线性运用与非线性运用

1. 线性运用

理想运放线性运用的条件是：在外部引入深度负反馈。线性运用的理想运放，其

$$U_{\oplus} = U_{\ominus} \qquad (称为"虚短路")$$
$$I_{\oplus} = I_{\ominus} = 0 \qquad (称为"虚断路")$$

2. 非线性运用

理想运放开环工作或带正反馈时，运放非线性运用。此时，

当 $U_{\oplus} > U_{\ominus}$ 时，$U_{o} = U_{oH}$，运放处于正向饱和状态；

当 $U_{\oplus} < U_{\ominus}$ 时，$U_{o} = U_{oL}$，运放处于负向饱和状态；

当 $U_{\oplus} = U_{\ominus}$ 时，U_{o} 不定，只有此刻，运放才能发生状态转换。这是分析电压比较器的依据。

7.1.2　运算电路

1. 反相比例电路的特性

反相比例电路如图 7-1 所示，R_{f} 引入并联电压负反馈。

$$r_{\mathrm{if}} = \frac{U_{\mathrm{i}}}{I_1} = R_1$$

$$r_{\mathrm{of}} = 0$$

$$A_{\mathrm{uf}} = \frac{U_{\mathrm{o}}}{U_{\mathrm{i}}} = -\frac{R_{\mathrm{f}}}{R_1} \qquad (U_{\mathrm{o}} \text{ 与 } U_{\mathrm{i}} \text{ 相位相反})$$

共模输入分量很小,故对 CMRR 要求不高。

⊕端与⊖端之间是虚短路;⊖端是虚地。

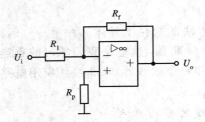

图 7 - 1　反相比例电路

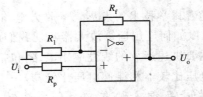

图 7 - 2　同相比例电路

2. 同相比例电路的特性

同相比例电路如图 7 - 2 所示,R_{f} 引入串联电压负反馈。

$$r_{\mathrm{if}} = \infty$$

$$U_{\mathrm{o}} = \left(1 + \frac{R_{\mathrm{f}}}{R_1}\right) U_{\oplus}$$

上式对同相输入组态的所有**线性运用**的运放均适用。

因为本电路 $U_{\oplus} = U_{\mathrm{i}}$,所以

$$U_{\mathrm{o}} = \left(1 + \frac{R_{\mathrm{f}}}{R_{\mathrm{i}}}\right) U_{\mathrm{i}}$$

故

$$A_{\mathrm{uf}} = \frac{U_{\mathrm{o}}}{U_{\mathrm{i}}} = 1 + \frac{R_{\mathrm{f}}}{R_1} \qquad (U_{\mathrm{o}} \text{ 与 } U_{\mathrm{i}} \text{ 相位相同})$$

$$r_{\mathrm{of}} = 0$$

共模输入分量大,故对 CMRR 要求较高。

⊕端与⊖端之间是虚短路,但⊖端不是虚地。

3. 差动比例电路

差动比例电路的电路形式如图 7 - 3 所示。

R_{f} 引入电压负反馈。对于 U_{i1} 而言,是并联电压负反馈;对于 U_{i2} 而言,是串联电压负反馈。

$$r_{\mathrm{if}} = \frac{U_{\mathrm{i1}} - U_{\mathrm{i2}}}{I_1} = R_1 + R_2$$

$$r_{\mathrm{of}} = 0$$

$$U_{\mathrm{o}} = -\frac{R_{\mathrm{f}}}{R_1} U_{\mathrm{i1}} + \left(1 + \frac{R_{\mathrm{f}}}{R_1}\right) \frac{R_{\mathrm{p}}}{R_2 + R_{\mathrm{p}}} U_{\mathrm{i2}}$$

当 $R_1 /\!/ R_{\mathrm{f}} = R_2 /\!/ R_{\mathrm{p}}$ 时,

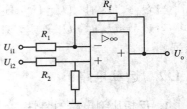

图 7 - 3　差动比例电路

$$U_{o} = -\frac{R_{f}}{R_{1}}U_{i1} + \frac{R_{f}}{R_{2}}U_{i2}$$

当 $R_1 = R_2$，$R_f = R_p$ 时，

$$U_{o} = -\frac{R_{f}}{R_{1}}(U_{i1} - U_{i2}) = \frac{R_{f}}{R_{1}}(U_{i2} - U_{i1})$$

⊕端与⊖端之间虚短路，没有虚地。

以上三种电路是构成各种运放线性应用电路的基本电路，应对其特性熟练掌握。

4. 求和电路

反相求和电路如图 7-4 所示，其相关表达式如下：

$$U_{o} = -\left(\frac{R_{f}}{R_{1}}U_{i1} + \frac{R_{f}}{R_{2}}U_{i2} + \frac{R_{f}}{R_{3}}U_{i3}\right)$$

各输入端对应的输入电阻为

$$r_{i1} = R_{1}, \quad r_{i2} = R_{2}, \quad r_{i3} = R_{3}$$

输出电阻 $\qquad\qquad r_{o} = 0$

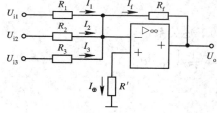

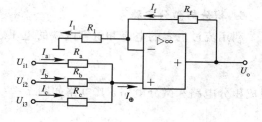

图 7-4　反相求和电路　　　　　图 7-5　同相求和电路

同相求和电路如图 7-5 所示，其关系如下：

$$U_{o} = \left(1 + \frac{R_{f}}{R_{1}}\right)R'\left(\frac{U_{i1}}{R_{a}} + \frac{U_{i2}}{R_{b}} + \frac{U_{i3}}{R_{c}}\right)$$

其中 R' 为同相输入端全部电阻并联的等效电阻，即

$$R' = R_{a} /\!/ R_{b} /\!/ R_{c}$$

若满足平衡条件，即同相输入端等效电阻 $R' = R_{a} /\!/ R_{b} /\!/ R_{c}$，等于反相输入端等效电阻 $R' = R_{1} /\!/ R_{f}$，则

$$U_{o} = \frac{R_{f}}{R_{a}}U_{i1} + \frac{R_{f}}{R_{b}}U_{i2} + \frac{R_{f}}{R_{c}}U_{i3}$$

各输入端对应输入电阻为

$$r_{i1} = R_{a} + R_{b} /\!/ R_{c}$$
$$r_{i2} = R_{b} + R_{a} /\!/ R_{c}$$
$$r_{i3} = R_{c} + R_{a} /\!/ R_{c}$$

输出电阻 $\qquad\qquad r_{o} = 0$

代数求和电路如图 7-6 所示，其关系如下：

$$U_{o} = \frac{R'}{R''}\left(\frac{R_{f}}{R_{3}}U_{i3} + \frac{R_{f}}{R_{4}}U_{i4}\right) - \left(\frac{R_{f}}{R_{1}}U_{i1} + \frac{R_{f}}{R_{2}}U_{i2}\right)$$

式中，$R' = R_3 /\!/ R_4$，为同相输入端等效电阻；$R'' = R_1 /\!/ R_2 /\!/ R_f$，为反相输入端等效电阻。若满足 $R' = R''$，则

$$U_o = \frac{R_f}{R_3}U_{i3} + \frac{R_f}{R_4}U_{i4} - \left(\frac{R_f}{R_1}U_{i1} + \frac{R_f}{R_2}U_{i2}\right)$$

各输入端电阻为

$$r_{i1} = R_1, \qquad r_{i2} = R_2$$
$$r_{i3} = R_3 + R_4, \qquad r_{i4} = R_4 + R_3$$

输出电阻

$$r_o = 0$$

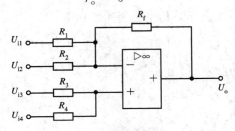

图 7 - 6　代数求和电路

5. 积分与微分电路

利用流过电容的电流和电容两端的电压之间的下述关系：

$$i_C = C\frac{\mathrm{d}u_C}{\mathrm{d}t} \qquad u_C = \frac{1}{C}\int i_C\,\mathrm{d}t$$

组成积分电路和微分电路。其电路如图 7 - 7 所示。

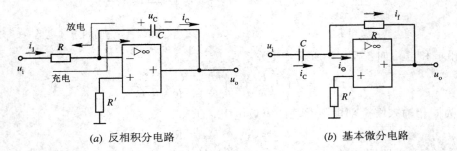

(a) 反相积分电路　　　　　　　　　(b) 基本微分电路

图 7 - 7　积分电路和微分电路

$$u_o = -\frac{1}{RC}\int u_i\,\mathrm{d}t - u_C(0)$$

$$u_o = -RC\frac{\mathrm{d}u_C}{\mathrm{d}t}$$

至于对数和指数运算电路，以及乘法运算电路，读者了解其工作原理和应用即可。

7.1.3　有源滤波器

1. 滤波器的分类

（1）低通滤波器：允许低频信号通过，将高频信号衰减。

（2）高通滤波器：允许高频信号通过，将低频信号衰减。

（3）带通滤波器：允许某一频带范围内的信号通过，将此频带以外的信号衰减。

（4）带阻滤波器：阻止某一频带范围内的信号通过，而允许此频带以外的信号通过。

2．无源滤波器

无源滤波器是利用电阻、电容组成的滤波器。这种滤波器电路虽然简单，但是存在如下问题：

① 电路无放大能力，增益 $A_u \leqslant 1$。

② 带负载能力差，其截止频率和增益均随负载 R_L 的变化而变化。

3．有源滤波器

有源滤波器是在无源滤波器的基础上，将其输出加至集成运算放大器的输入端而构成的。由于集成运算放大器的作用，提高了电路的增益，同时隔离了滤波电路与负载的作用，使电路的负载能力提高。

（1）低通滤波器：电路如图 7 - 8(a)、(b)所示。图(a)为 R、C 接同相输入端，图(b)为 R_f、C 接反相输入端。

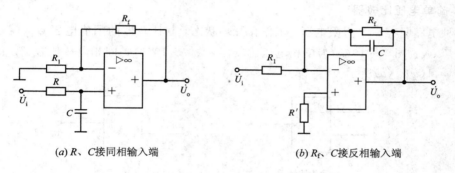

(a) R、C接同相输入端　　　　　　(b) R_f、C接反相输入端

图 7 - 8　低通滤波器电路

图(a)中的主要关系如下：

$$A_{up} = 1 + \frac{R_f}{R_1} \qquad \omega_o = \frac{1}{RC}$$

图(b)中的主要关系如下：

$$A_{up} = -\frac{R_f}{R_1} \qquad \omega_o = -\frac{1}{R_f C}$$

（2）高通滤波器：高通滤波器电路如图 7 - 9(a)、(b)所示。图(a)为同相输入，图(b)为反相输入。

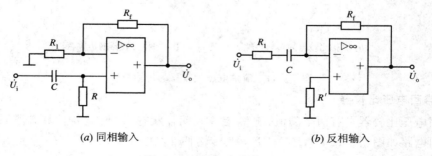

(a) 同相输入　　　　　　　　(b) 反相输入

图 7 - 9　高通滤波器电路

图(a)中的主要关系为

$$A_{up} = 1 + \frac{R_f}{R_1} \qquad \omega_o = \frac{1}{RC}$$

图(b)中的主要关系为

$$A_{up} = -\frac{R_f}{R_1} \qquad \omega_o = \frac{1}{R_f C}$$

由于一阶滤波器其特性不够理想,故采用高阶滤波器。

7.1.4 电压比较器

电压比较器是运算放大器的非线性运用。所谓电压比较,是指运算放大器两输入端电压的比较,其关系为

$$U_{\oplus} > U_{\ominus} \text{ 时},U_O = U_{OH}$$
$$U_{\oplus} < U_{\ominus} \text{ 时},U_O = U_{OL}$$

1. 简单电压比较器

此种电路只有一个门限电压,工作在开环状态,其比较器的阈值电压 U_{TH} 就是电路的参考电压 U_R。图 7-10(a)为反相电压比较器,图 7-10(b)是同相电压比较器。传输特性如图 7-11(a)、(b)所示。

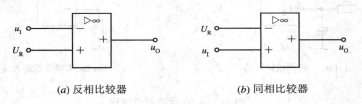

(a) 反相比较器　　　　　　　(b) 同相比较器

图 7-10 简单电压比较器

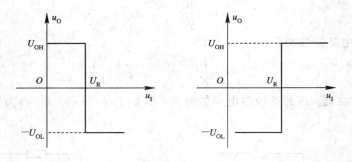

(a) 反相比较器的传输特性　　　　(b) 同相比较器的传输特性

图 7-11 简单电压比较器的传输特性

2. 滞回电压比较器

滞回电压比较器具有两个阈值,通常工作在闭环状态,其传输特性具有滞回特性。

滞回电路如图 7-12(a)、(b)所示,其传输特性如图 7-13(a)、(b)所示。

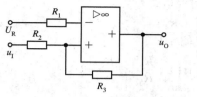 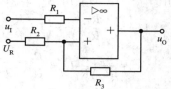

(a) 同相滞回比较器　　　　　　　(b) 反相滞回比较器

图 7 - 12　滞回比较器

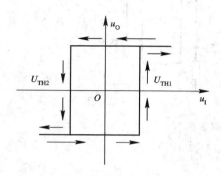 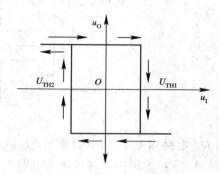

(a) 同相滞回比较器传输特性　　　　(b) 反相滞回比较器传输特性

图 7 - 13　滞回比较器的传输特性($U_R = 0$)

7.2　典型题举例

例 1　为使运放线性工作,应当_____。

答案:在其外部引入深度负反馈

例 2　用一个截止频率为 ω_1 的低通滤波器和一个截止频率为 ω_2 的高通滤波器构成一个带通滤波器,应当使_____。

① 二者串联,并且 $\omega_1 > \omega_2$　　　② 二者并联,并且 $\omega_1 > \omega_2$

③ 二者并联,并且 $\omega_1 < \omega_2$　　　④ 二者串联,并且 $\omega_1 < \omega_2$

答案:①

例 3　集成运放的指标要求是_____。(多项选择题)

① 差模增益大　　　　② 共模抑制比要高

③ 输入失调电压要大　　④ 输入失调电流要小

⑤ 输入失调电流温漂要小

答案:①,②,④,⑤

例 4　写出图 7 - 14 的 U_o 的表达式。

解:　$U_o = -\dfrac{R_1}{R_1}u_i + \left(1 + \dfrac{R_1}{R_1}\right)u_\oplus$

$\qquad = -u_i + 2\dfrac{R_3}{R_2 + R_3}u_i$

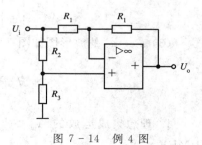

图 7 - 14　例 4 图

例 5　写出图 7 - 15 的输出电压 U_o 的表达式。

解：
$$U_o = -\frac{R_6}{R_5}u_{o1} + \left(1+\frac{R_6}{R_5}\right)\frac{R_8}{R_7+R_8}u_{o2}$$

$$= \frac{R_6}{R_5}\left(\frac{R_3}{R_1}U_1 + \frac{R_3}{R_2}U_2\right) + \left(1+\frac{R_6}{R_5}\right)\frac{R_8}{R_7+R_8}U_3$$

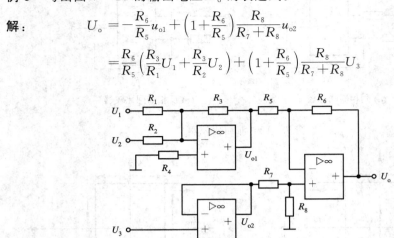

图 7 - 15　例 5 图

例 6　电路如图 7 - 16(a)所示，运放的 $U_{opp} = \pm 10$ V。

(1) A_1、A_2 分别构成何种基本电路？

(2) 写出 u_{o1}、u_{o2} 的表达式。

(3) 设电容的 $u_C(0^+) = 0$，画出 u_{o1}、u_{o2} 的波形。

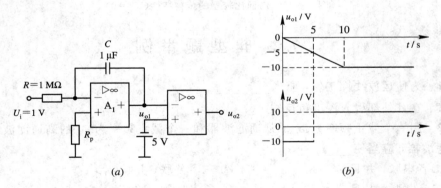

图 7 - 16　例 6 图

解：(1) A_1 构成反相积分器，A_2 构成单限电压比较器。

(2)
$$u_{o1} = -\frac{1}{RC}\int u_i \, dt - u_C(0^+) = -t$$

$$u_{o2} = \begin{cases} -10 \text{ V} & (u_{o1} > -5 \text{ V}) \\ +10 \text{ V} & (u_{o1} < -5 \text{ V}) \end{cases}$$

(3) u_{o1}、u_{o2} 的波形图如图 7 - 16(b)所示。

7.3　思考题和习题解答

1. 理想集成运放的 $A_{ud} = $ _____，$r_{id} = $ _____，$r_o = $ _____，$I_B = $ _____，CMRR = _____。

答：$A_{ud}=\infty$，$r_{id}=\infty$，$r_o=0$，$I_B=0$，$CMRR=\infty$。

2. 理想集成运放工作在线性区和非线性区时各有什么特点？各得出什么重要关系式？

答：工作在线性区时必须通过外部元件引入负反馈。此时，$U_-=U_+$，$I_-=I_+=0$。工作在非线性区时应开环或正反馈运用。此时，$I_-=I_+=0$；在 $U_->U_+$ 时，$U_o=U_{oL}$；在 $U_1<U_+$ 时，$U_o=U_{oH}$。

3. 集成运放应用于信号运算时工作在什么区域？

答：线性区。

4. 试比较反相输入比例运算电路和同相输入比例运算电路的特点（如闭环电压放大倍数、输入电阻、共模输入信号、负反馈组态等等）。

答：反相比例电路是并联电压负反馈；$A_{uf}=-\dfrac{R_f}{R_1}$；输入电阻小，为 R_1；运放的输入端无共模信号。同相比例电路是串联电压负反馈；$A_{uf}=1+\dfrac{R_f}{R_1}$；输入电阻大，为 ∞；运放输入端加有共模信号。

5. "虚地"的实质是什么？为什么实际运放中"虚地"的电位接近零而又不等于零？在什么情况下才能引用"虚地"的概念？

答：理想运放的同相端为地电位时，由于负反馈将反相端电位压低到等于同相端电位（即地电位），以保证输出为一有限值，这时虽然两端电位相等且等于地电位，但两端之间无电流通过，故称为虚地。由于实际运放的放大倍数不为无穷大，所以为保证一定的输出，"虚地"的反相端电位不为零。"虚地"的概念只能运用于反相的运算电路。

6. 为什么用集成运放组成的多输入运算电路一般多采用反相输入的形式？而较少采用同相输入形式？

答：由于反相输入时运放的反相端为虚地，可使输入信号源之间无相互影响，为得到规定的输出，电路参数的选择比较方便。

7. 反相比例电路如图 7-17 所示。图中 $R_1=10\ \text{k}\Omega$，$R_f=30\ \text{k}\Omega$，试估算它的电压放大倍数和输入电阻，并估算 R' 应取多大。

解：

$$A_{uf}=\frac{U_o}{U_i}=-\frac{R_f}{R_1}=-\frac{30}{10}=-3$$

$$r_i=R_1=10\ \text{k}\Omega$$

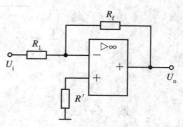

图 7-17　题 7 图

$$R'=R_1\ /\!/\ R_f=10\ /\!/\ 30=7.5\ \text{k}\Omega$$

8. 同相比例运算电路如图 7-18 所示。图中 $R_1=3\ \text{k}\Omega$，若希望它的电压放大倍数等于 7，试估算 R_f 和 R' 的值。

解：

$$A_{uf}=\frac{U_o}{U_i}=1+\frac{R_f}{R_1}$$

$$R_f=(A_{uf}-1)R_1$$

$$=(7-1)\times 3=18\ \text{k}\Omega$$

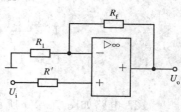

图 7-18　题 8 图

$$R'=R_1\ /\!/\ R_f=3\ /\!/\ 18=2.57\ \text{k}\Omega$$

9. 电路如图 7 - 18 所示。如集成运放的最大输出电压为 ±12 V,电阻 $R_1 = 10$ kΩ, $R_f = 390$ kΩ, $R' = R_1 /\!/ R_f$,输入电压等于 0.2 V,试求下列各种情况下的输出电压值。

(1) 正常情况;

(2) 电阻 R_1 开路;

(3) 电阻 R_f 开路。

解:(1) $U_o = A_{uf} U_i = \left(1 + \dfrac{R_f}{R_1}\right) U_i = \left(1 + \dfrac{390}{10}\right) \times 0.2 = 8$ V

(2) $U_o = U_- = U_+ = U_i = 0.2$ V。

(3) 此时运放开环运用,$U_o = 12$ V。

10. 试根据下列要求,设计比例放大电路。

(1) 设计一个电压放大倍数为 −5,输入电阻为 100 kΩ 的放大电路。

(2) 设计一个电压放大倍数为 −20,输入电阻为 2 kΩ 的放大电路。

(3) 设计一个输入电阻极大,电压放大倍数为 +100 的放大电路。

解:(1) 为反相比例电路。取 $R_1 = 100$ kΩ,$R_f = 500$ kΩ。

(2) 为反相比例电路,取 $R_1 = 2$ kΩ,$R_f = 40$ kΩ。

(3) 为同相比例电路,取 $R_1 = 1$ kΩ,$R_f = 99$ kΩ。

11. 集成运放电路如图 7 - 19 所示。它们均可将输入电流转换为输出电压。试分别估算它们在 $I_i = 5$ μA 时的输出电压。

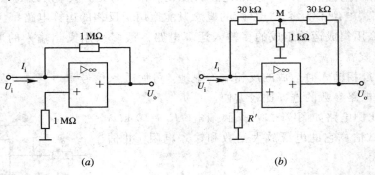

(a) (b)

图 7 - 19   题 11 图

解:(a)图中,

$$U_o = -I_i R_f = -5 \times 1 = -5 \text{ V}$$

由(b)图可得

$$U_M = -30 I_i$$

$$I_i + \frac{|U_M|}{1} = \frac{U_M - U_o}{30}$$

$$U_o = U_M - 30 I_i - 30|U_M| = -30 I_i - 30 I_i - 900 I_i$$

$$= -960 I_i = -960 \times 5 = -4800 \text{ mV} = -4.8 \text{ V}$$

12. 电路如图 7 - 20 所示。图中集成运放均为理想集成运放,试分别求出它们的输出电压与输入电压的函数关系;指出哪些符合"虚地";指出哪些电路对集成运放的共模抑制比要求不高。

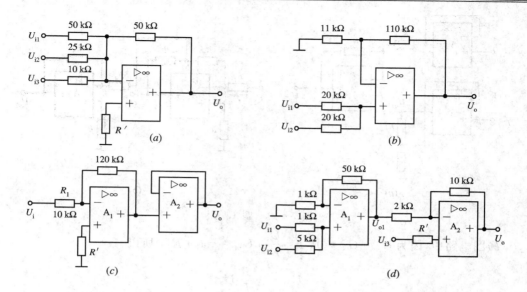

图 7 - 20　题 12 图

解：(a)图电路中，

$$U_o = -U_{i1} - 2U_{i2} - 5U_{i3}$$

运放的反相端为"虚地"，所以对其共模抑制比要求不高。

(b)图电路中，

$$U_o = \left(1 + \frac{110}{11}\right)\left(\frac{20U_{i1}}{20+20} + \frac{20U_{i2}}{20+20}\right) = 5.5(U_{i1} + U_{i2})$$

由于该电路为同相加法器，运放两输入端"虚短"，所以要求其共模抑制比要高。

(c)图电路中，

$$U_o = U_{o1} = -\frac{120}{10}U_i = -12U_i$$

A_1 运放的反相端为"虚地"，对其共模抑制比要求不高。

(d) 图电路中，

$$U_{o1} = \left(1 + \frac{5}{1}\right)\left(\frac{5U_{i1}}{1+5} + \frac{1 \cdot U_{i2}}{1+5}\right) = 5U_{i1} + U_{i2}$$

$$U_o = -\frac{10}{2}U_{o1} + \left(1 + \frac{10}{2}\right)U_{i3} = -5U_{o1} + 6U_{i3}$$

$$= -25U_{i1} - 5U_{i2} + 6U_{i3}$$

13. 电路如图 7 - 21 所示。集成运放均为理想集成运放，试列出它们的输出电压 U_o 及 U_{o1}、U_{o2} 的表达式。

解：(a)图电路中，

$$U_{3+} = U_{o2} = \frac{R_3 + R_4}{R_4}U_{i2}, \quad U_{o1} = U_{i1}$$

$$U_o = -\frac{R_2}{R_1}U_{o1} + \left(1 + \frac{R_2}{R_1}\right)U_{3+} = -\frac{R_2}{R_1}U_{i1} + \left(1 + \frac{R_2}{R_1}\right)\left(1 + \frac{R_3}{R_4}\right)U_{i2}$$

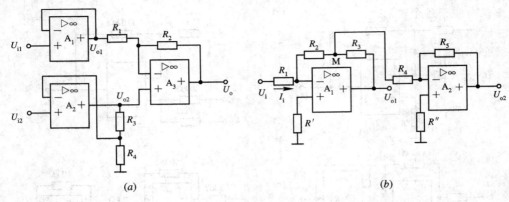

图 7-21 题 13 图

(b)图电路中,因为 $U_- = U_+ = 0$,$I_i = \dfrac{U_i}{R_1}$,$U_M = -I_i \cdot R_2$,所以

$$U_M = -\frac{R_2}{R_1} U_i$$

节点 M 的电流关系为

$$\frac{U_i}{R_1} = \frac{U_M}{R_4} + \frac{U_M - U_{o1}}{R_3}$$

故

$$U_{o1} = U_M + \frac{R_3}{R_4} U_M - \frac{R_3}{R_1} U_i = -\frac{R_2}{R_1}\left(1 + \frac{R_3}{R_4}\right) U_i - \frac{R_3}{R_1} U_i = -\frac{R_2}{R_1}\left(1 + \frac{R_3}{R_4} + \frac{R_3}{R_2}\right) U_i$$

$$U_{o2} = -\frac{R_5}{R_4} U_M = \frac{R_2 R_5}{R_1 R_4} U_i$$

14. 电路如图 7-22 所示。集成运放均为理想集成运放,试写出电路输出电压的表达式。

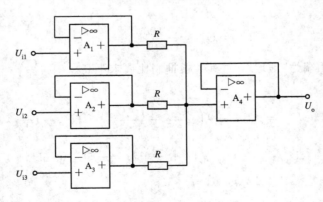

图 7-22 题 14 图

解: $$U_o = U_{4+} = \frac{R /\!/ R}{R + R /\!/ R}(U_{i1} + U_{i2} + U_{i3}) = \frac{1}{3}(U_{i1} + U_{i2} + U_{i3})$$

15. 试用集成运放实现以下求和运算:

(1) $U_o = -(U_{i1} + 10U_{i2} + 2U_{i3})$;

(2) $U_o = 1.5U_{i1} - 5U_{i2} + 0.1U_{i3}$。

而且要求对应于各个输入信号来说，电路的输入电阻不小于 5 kΩ。请选择电路的结构形式并确定电路参数。

解：（1）采用反相求和电路。

取与 U_{i2} 串联的电阻 $R_2 = 5$ kΩ，则负反馈电阻 $R_f = 50$ kΩ。这时与 U_{i1} 串联的电阻 $R_1 = 50$ kΩ，与 U_{i3} 串联的电阻 $R_3 = 25$ kΩ。

（2）一种实现的方法如图 7-23 所示。取 $R_{f1} = 12$ kΩ，$R_1 = 8$ kΩ，$R_2 = 120$ kΩ，$R_3 = 25$ kΩ，$R_4 = 5$ kΩ，$R_{f2} = 25$ kΩ。

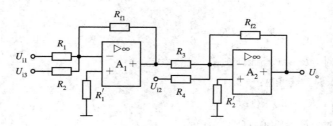

图 7-23 题 15 图

16. 电路如图 7-24 所示，这是由三个集成运放组成的一个仪表放大器。试证明：

$$U_o = \left(1 + \frac{2R'}{R}\right) \frac{R_2}{R_1} (U_1 - U_2)$$

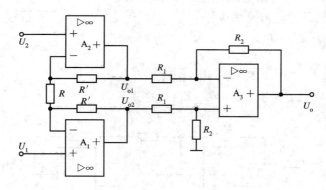

图 7-24 题 16 图

证明：因为 $\qquad U_{2-} = U_2 \qquad U_{1-} = U_1$

所以

$$\frac{U_{o1} - U_{o2}}{R' + R + R'} = \frac{U_2 - U_1}{R}$$

即

$$U_{o1} - U_{o2} = \frac{R + 2R'}{R} (U_2 - U_1)$$

而

$$U_o = -\frac{R_2}{R_1} (U_{o1} - U_{o2}) = -\frac{R_2}{R_1} \frac{R + 2R'}{R} (U_2 - U_1)$$

故

$$U_o = \left(1 + \frac{2R'}{R}\right) \frac{R_2}{R_1} (U_1 - U_2)$$

17. 已知电阻－电压变换电路如图 7 - 25 所示。它是测量电阻的基本电路，R_x 是被测电阻，试求：

(1) U_o 与 R_x 的关系。

(2) 若 $U_R = 6$ V，R_1 分别为 0.6 kΩ、6 kΩ、60 kΩ 和 600 kΩ 时，U_o 都为 5 V，则各相应的被测电阻 R_x 是多少？

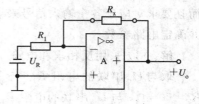

图 7 - 25 题 17 图

解：(1)
$$U_o = \frac{R_x}{R_1} U_R$$

(2)
$$R_x = \frac{U_o}{U_R} R_1 = \frac{5}{6} R_1$$

则 $R_1 = 0.6$ kΩ 时，$R_x = 0.5$ kΩ；

$R_1 = 6$ kΩ 时，$R_x = 5$ kΩ；

$R_1 = 60$ kΩ 时，$R_x = 50$ kΩ；

$R_1 = 600$ kΩ 时，$R_x = 500$ kΩ。

18. 已知电流－电压变换电路如图 7 - 26 所示。它可用来测量电流 I_x。试求：

(1) U_o 与 I_x 之间的关系式。

(2) 若 $R_f = 10$ kΩ，电路输出电压的最大值 $U_{om} = \pm 10$ V，问能测量的最大电流是多少？

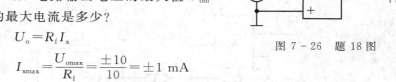

图 7 - 26 题 18 图

解：(1)
$$U_o = R_f I_x$$

(2)
$$I_{xmax} = \frac{U_{omax}}{R_f} = \frac{\pm 10}{10} = \pm 1 \text{ mA}$$

19. 电路如图 7 - 27 所示。写出 U_o 和 U_i 的关系式。

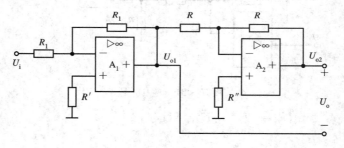

图 7 - 27 题 19 图

解：
$$U_{o1} = -\frac{R_1}{R_1} U_i = -U_i$$

$$U_{o2} = \frac{R}{R} U_{o1} = -U_{o1} = U_i$$

$$U_o = U_{o2} - U_{o1} = U_i - (-U_i) = 2U_i$$

20. 压控电流源电路(又称电压－电流变换器)如图 7 - 28 所示。试求输出电流 I_o 与输入电压 U_i 之间的关系。

解：
$$I_\circ = \frac{U_-}{R_1} = \frac{U_i}{R_1}$$

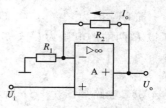

21. 电压基准电路（又称电压－电压变换器）如图 7-29 所示。

（1）试求图 7-29(a) 电路的基准电压 U_R。

（2）用图 7-29(b) 电路中的稳压管 V_{Dz1} 和 V_{Dz2} 的稳压值 $U_z = 6.2$ V，试推导 U_R 表达式，并计算电压调节范围。

图 7-28 题 20 图

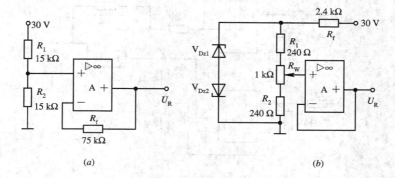

(a) $\qquad\qquad\qquad$ (b)

图 7-29 题 21 图

解：

（1）
$$U_R = U_- = U_+ = \frac{R_2}{R_1 + R_2} \times 30 = \frac{15}{15 + 15} \times 30 = 15 \text{ V}$$

（2）令电位器动臂下端电阻为 R_w，a 为调节系数，$0 \leqslant a \leqslant 1$，则
$$U_R = U_- = U_+ = \frac{R_2 + aR_w}{R_1 + R_2 + R_w}(U_z + U_D)$$

其中 U_D 为 V_{Dz2} 管的正向电压，取 $U_D = 0.8$ V。

$$U_{Rmin} = \frac{240}{240 + 240 + 1000} \times (6.2 + 0.8) = 1.14 \text{ V}$$

$$U_{Rmax} = \frac{240 + 1000}{240 + 240 + 1000} \times (6.2 + 0.8) = 5.86 \text{ V}$$

故
$$1.14 \text{ V} \leqslant U_R \leqslant 5.86 \text{ V}$$

22. 恒流源电路如图 7-30 所示。求证它们的电流满足 $I_\circ = \dfrac{U_R}{R}$。

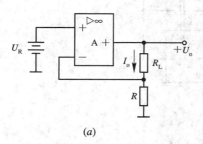 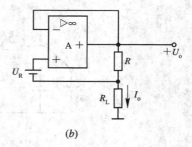

(a) $\qquad\qquad\qquad\qquad\qquad$ (b)

图 7-30 题 22 图

证明：因为
$$U_- = U_+, \quad I_- = I_+ = 0$$
所以 R 两端的电压为 U_R，故

$$I_o = I_R = \frac{U_R}{R}$$

23. 电路如图 7-31 所示。试计算 U_{o1}、U_{o2}、U_{o3} 的值。

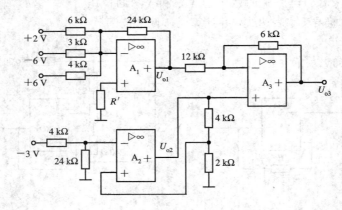

图 7-31 题 23 图

解：

$$U_{o1} = -\left[\frac{24}{6} \times 2 + \frac{24}{3} \times (-6) + \frac{24}{4} \times 6\right] = 4 \text{ V}$$

$$U_{2+} = \frac{24}{4+24} \times (-3) = -\frac{18}{7} = U_- = \frac{2U_{o2}}{4+2}$$

$$U_{o2} = -\frac{18}{7} \times 3 = -\frac{54}{7} \text{ V}$$

$$U_{o3} = -\frac{6}{12}U_{o1} + \left(1 + \frac{6}{12}\right)U_{o2} = -\frac{6}{12} \times 4 - \frac{18}{12} \times \frac{54}{7} = -13.58 \text{ V}$$

24. 电路如图 7-32 所示。其中运放、稳压管 V_{Dz1} 和稳压管 V_{Dz2} 均为理想器件。设起始态 $u_C = 0$。$t = 0$ 时开关 K 处于位置"1"，当 $t = 2$ s 时，开关突然转接到位置"2"上。试画出输出电压 u_o 的波形，标注关键数据，并求出输出电压为零的时间 t_1 和输出电压等于 5 V 时的时间 t_2。

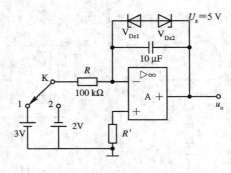

图 7-32 题 24 图

解：开关 K 置于位置"1"，当 $t=2$ s 时，u_o 可能达到的值为

$$u_o = -\frac{1}{RC}\int_0^2 3\,\mathrm{d}t = -\frac{3}{100\times10^3\times10\times10^{-6}}t\Big|_0^2 = -6\text{ V}$$

但在 $u_o=-5$ V 时，V_{Dz1} 击穿，使 u_o 限制在 -5 V。当 $u_o=-5$ V 时所需的时间为

$$t' = \frac{5}{3}\text{ s}$$

当 K 置于位置"2"时，u_o 从 -5 V 开始增大，达到零时的时间 t_1 满足以下关系：

$$0 = -5 + \frac{1}{RC}\int_0^{t_1} 2\,\mathrm{d}t$$

$$t_1 = \frac{5}{2} = 2.5\text{ s}$$

输出达到 5 V 时的时间 t_2 为

$$t_2 = \frac{5}{2} = 2.5\text{ s}$$

按以上计算画出的 u_o 波形如图 7 – 33 所示。

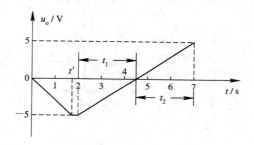

图 7 – 33　题 24 解图

25. 电路如图 7 – 34(a)所示，这是一个求和积分电路。

（1）试求输出电压 u_o 的表达式。

（2）设其两个输入信号 u_{i1} 和 u_{i2} 皆为阶跃信号，它们的波形图如图 7 – 34(b)所示，试画出输出电压 u_o 的波形。

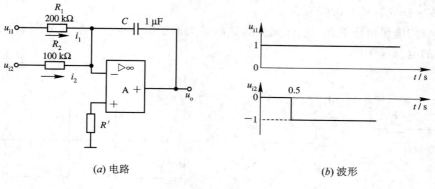

(a) 电路　　　　　　　　　　　　　　　　(b) 波形

图 7 – 34　题 25 图

解：

（1）　　　　$$u_o = -\frac{1}{R_1 C}\int_0^t u_{i1}\,\mathrm{d}t - \frac{1}{R_2 C}\int_0^t u_{i2}\,\mathrm{d}t$$

(2) 输出波形如图 7 – 35 所示，$t = 0.5$ s 时的 u_o 值为

$$u_o \mid_{0.5} = -\frac{1}{200 \times 10^3 \times 10^{-6}} \int_0^{0.5} \mathrm{d}t$$

$$= -5 \times 0.5 = -2.5 \text{ V}$$

$t = 0.5$ s 后

$$u_o(t) = -2.5 + [-5t + 10t]$$

$$= (-2.5 + 5t) \text{ V}$$

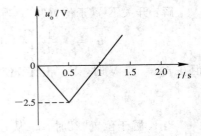

图 7 – 35　题 25 解图

26. 试用集成运放实现以下运算关系：

$$u_o = 5 \int (u_{i1} - 0.2u_{i2} + 3u_{i3}) \, \mathrm{d}t$$

并要求各路输入电阻至少为 100 kΩ。请选择电路结构形式并确定电路参数值。

解：选择电路形式如图 7 – 36 所示。

取　　　$R_1 = 300$ kΩ　　$R_2 = 100$ kΩ　　$R_f = 300$ kΩ

　　　　$R_3 = 20$ kΩ　　　$R_4 = 100$ kΩ　　$C = 10$ μF

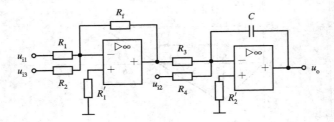

图 7 – 36　题 26 解图

27. 基本积分电路及输入波形 u_i 如图 7 – 37(a)、(b)所示，其重复周期 $T = 4$ s，幅度为 ±2 V。电阻、电容分别为下列数值：

(1) $R = 1$ MΩ，$C = 1$ μF；

(2) $R = 1$ MΩ，$C = 0.5$ μF；

(3) $R = 1$ MΩ，$C = 0.05$ μF。

试画出相应的输出电压波形。已知集成运放的最大输出电压 $U_{op} = \pm 10$ V，假设 $t = 0$ 时积分电容上的电压等于零。

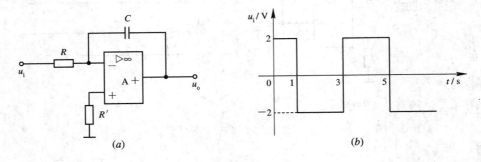

图 7 – 37　题 27 图

解：(1)、(2)条件下的输出电压波形如图 7 - 38 所示。(3)条件下，在输入信号的变化范围内，输出将严重过载，使运放工作在非线性状态。

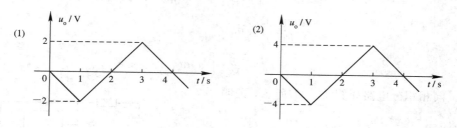

图 7 - 38 题 27 解图

28. 电路如图 7 - 39 所示。

(1) 求 u_o 与 u_{i1}、u_{i2} 的关系式；

(2) 如 $\dfrac{R_3}{R_1} = \dfrac{R_4}{R_2}$，求 u_o 的关系式。

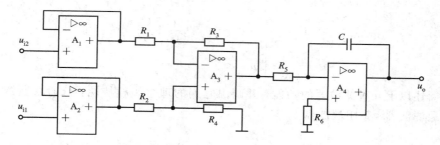

图 7 - 39 题 28 图

解：

(1)
$$u_o = -\frac{1}{R_5 C}\int_0^t \left(\frac{R_4}{R_2+R_4}\cdot\frac{R_1+R_3}{R_1}u_{i1} - \frac{R_3}{R_1}u_{i2}\right)\mathrm{d}t$$

(2) 若 $\dfrac{R_3}{R_1} = \dfrac{R_4}{R_2}$，即 $\dfrac{R_1+R_3}{R_1} = \dfrac{R_2+R_4}{R_2}$，则

$$u_o = -\frac{R_3}{R_1 R_5 C}\int_0^t (u_{i1} - u_{i2})\,\mathrm{d}t$$

29. 电路如图 7 - 40 所示。这是一个同相积分电路，试证明：

$$u_o = \frac{2}{RC}\int u_i\,\mathrm{d}t$$

证明：因为

$$U_- = \frac{1}{2}u_o = U_+ = u_C$$

而

$$u_C = \frac{1}{C}\int\left(\frac{u_i - U_+}{R} + \frac{u_o - U_+}{R}\right)\mathrm{d}t$$

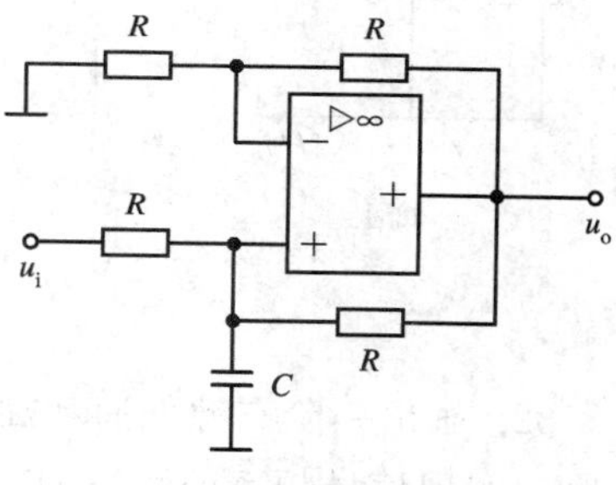

图 7 - 40 题 29 图

即
$$\frac{u_o}{2} = \frac{1}{C} \int \left(\frac{u_i - \frac{u_o}{2}}{R} + \frac{u_o - \frac{u_o}{2}}{R} \right) dt$$

$$= \frac{1}{RC} \int u_i \, dt$$

所以
$$u_o = \frac{2}{RC} \int u_i \, dt$$

30. 同相积分电路如图 7 - 41 所示，证明：
$$u_o = \frac{1}{RC} \int u_i \, dt$$

证明：

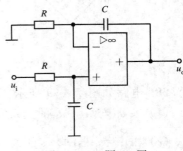

图 7 - 41　题 30 图

$$U_+ = u_C = \frac{1}{C} \int \frac{u_i - U_+}{R} \, dt$$

$$U_- = u_o - u_C = u_o - \frac{1}{C} \int \frac{U_-}{R} \, dt$$

因为
$$U_+ = U_-$$

所以
$$\frac{1}{C} \int \frac{u_i - U_+}{R} \, dt = u_o - \frac{1}{C} \int \frac{U_+}{R} \, dt$$

故
$$u_o = \frac{1}{RC} \int u_i \, dt$$

31. 简述以下几种滤波器的功能，并画出它们的理想幅频特性：低通滤波器、高通滤波器、带通滤波器、带阻滤波器。

答：

低通滤波器：允许低频信号通过，将高频信号衰减。

高通滤波器：允许高频信号通过，将低频信号衰减。

带通滤波器：允许某一频带范围内的信号通过，将此频带以外的信号衰减。

带阻滤波器，阻止某一频带范围内的信号通过，而允许此频带以外的信号通过。

它们的理想幅频特性如图 7 - 42 所示。

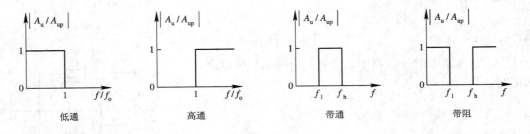

图 7 - 42　题 31 解图

32. 画出一阶有源低通和高通滤波器的电路图，并说明这些基本有源滤波器是利用什么原理实现信号频率的滤波的。

解：一阶低通和高通滤波器电路如图 7 - 43 所示。它们分别是利用 RC 的低通和高通选频特性实现滤波的。

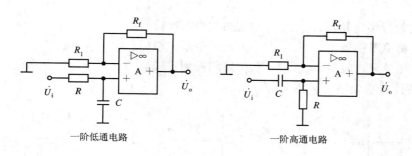

图 7-43　题 32 解图

33. 集成运放作为运算电路和电压比较器，它们的主要区别是：电压比较器运放工作在_____或_____，而运算电路中的集成运放工作在_____；电压比较器输出只有_____和_____两个稳定状态。

答案：开环；正反馈的非线性状态；负反馈线性状态；低电平；高电平

34. 电压比较器，其输出电压与两个输入端的电位关系有关。$U_+>U_-$ 则输出电压 $U_o=$_____；而 $U_+<U_-$ 时输出电压 $U_o=$_____。

答案：$U_o=U_H$；$U_o=U_L$

35. 无论是简单电压比较器还是滞回电压比较器，均可采用同相输入和反相输入两种接法。若希望 u_I 足够高时输出电压为低电平，则应采用_____输入接法。若希望 u_I 足够低时输出电压为低电平，则应采用_____输入接法。

答案：反相　　同相

36. 电压比较器电路如图 7-44 所示。指出各电路属于何种类型的比较器（过零、单限、滞回或双限比较器），并画出它们的传输特性。设集成运放的 $U_{OH}=+12\ V$，$U_{OL}=-12\ V$，各稳压管的稳压值 $U_z=6\ V$，二极管的压降 $U_D=0.7\ V$。

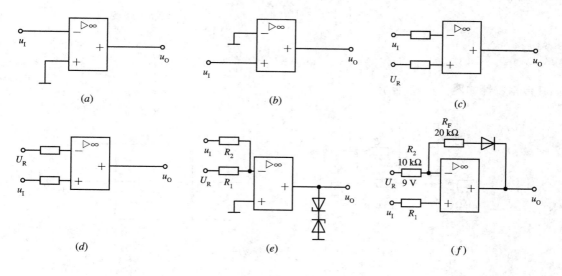

图 7-44　题 36 图

解：

(a) 反相过零比较器；　　　　(b) 同相过零比较器；

(c) 反相单限比较器；　　　　(d) 同相单限比较器；

(e) 反相单限比较器；　　　　(f) 反相滞回比较器；

传输特性分别如图 7－45 所示。

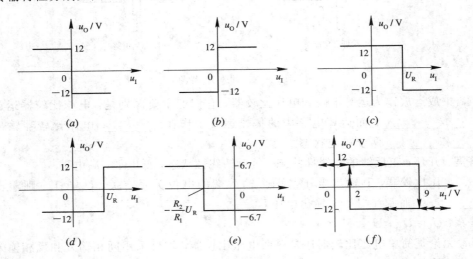

图 7－45　题 36 解图

37. 求图 7－46 所示电压比较器的阈值，并画出它的传输特性。

解：

$$U_+ = \frac{R_2}{R_1+R_2}u_1 + \frac{R_1}{R_1+R_2}U_z$$

由 $U_+ = 0$ 可得阈值电压。上下阈值分别为

$$U_{TH1} = \frac{R_1}{R_2}U_z = \frac{10}{30} \times 6 = 2 \text{ V}$$

$$U_{TH2} = \frac{R_1}{R_2}(-U_z) = \frac{10}{30} \times (-6) = -2 \text{ V}$$

其传输特性如图 7－47 所示。

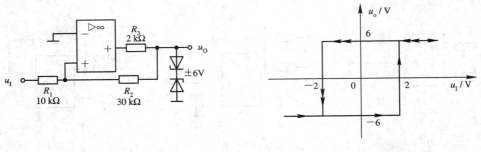

图 7－46　题 37 图　　　　　　　图 7－47　题 37 解图

38. 求图 7－48 中各电压比较器的阈值，并分别画出它们的传输特性。若 u_1 波形如图 7－48(c)所示，试分别画出各电路输出电压的波形。

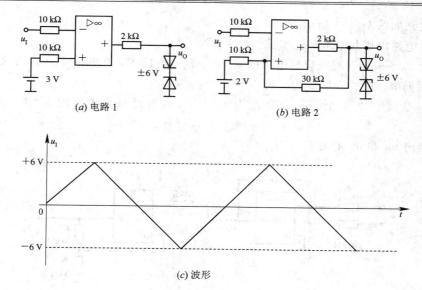

(a) 电路 1   (b) 电路 2

(c) 波形

图 7-48 题 38 图

解:

(a) 电路: $U_{TH} = 3$ V

(b) 电路: $U_{TH1} = \dfrac{30 \times 2}{10+30} + \dfrac{10 \times 6}{10+30} = 3$ V

$$U_{TH2} = \frac{30 \times 2}{10+30} + \frac{10 \times (-6)}{10+30} = 0$$

传输特性及输出波形如图 7-49 所示。

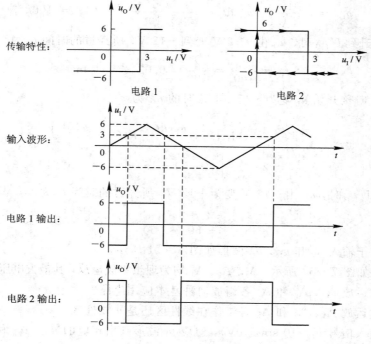

传输特性: 电路 1   电路 2

输入波形:

电路 1 输出:

电路 2 输出:

图 7-49 题 38 解图

39. 电路如图 7－50 所示。

(1) 此电路由哪些基本单元组成?

(2) 设 $u_{I1}=u_{I2}=0$ 时电容器电压的 $u_C=0$、$u_O=+12$ V，求当 $u_{I1}=-10$ V、$u_{I2}=0$ 时，经过多少时间 u_O 由 $+12$ V 变为 -12 V?

(3) u_O 变成 -12 V 后，u_{I2} 由 0 改为 $+15$ V，求再经过多少时间 u_O 由 -12 V 变为 $+12$ V。

(4) 画出 u_{O1} 和 u_O 的波形。

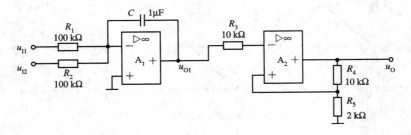

图 7－50　题 39 图

解：(1) 电路由 A_1 的反相求和积分器和 A_2 的反相滞回比较器组成。

(2) A_2 比较器的上、下阈值电压分别为

$$U_{TH1} = \frac{R_5}{R_4+R_5} \times 12 = \frac{2}{10+2} \times 12 = 2 \text{ V}$$

$$U_{TH2} = \frac{R_5}{R_4+R_5} \times (-12) = \frac{2}{10+2} \times (-12) = -2 \text{ V}$$

$$u_{O1} = -\frac{1}{R_1 C} \int_0^{t_1} u_{I1} \, \mathrm{d}t = \frac{10}{100 \times 10^3 \times 10^{-6}} t \mid_0^{t_1} = 100t \mid_0^{t_1}$$

当 U_{O1} 电压上升到 U_{TH1} 时，u_O 由 $+12$ V 变到 -12 V，所经过的时间 t_1 为

$$t_1 = \frac{U_{TH1}}{100} = \frac{2}{100} = 0.02 \text{ s} = 20 \text{ ms}$$

(3) 从 t_1 时刻开始 u_{I2} 变为 $+15$ V，这时的 u_{O1} 为

$$u_{O1} = 2 - \left(\frac{1}{R_1 C} \int_0^{t_2} u_{I1} \, \mathrm{d}t + \frac{1}{R_2 C} \int_0^{t_2} u_{I2} \, \mathrm{d}t \right)$$

$$= 2 - 10 \int_0^{t_2} (-10+15) \, \mathrm{d}t = 2 - 50t \mid_0^{t_2}$$

当 u_{O1} 下降到 U_{TH2} 时，u_O 由 -12 V 变为 $+12$ V，所经过的时间 t_2 为

$$t_2 = \frac{U_{TH2}-2}{-50} = \frac{-2-2}{-50} = \frac{4}{50} = 0.08 \text{ s} = 80 \text{ ms}$$

(4) 对应于输入 u_{I1} 和 u_{I2}，u_O 波形如图 7－51 所示。

40. 电路如图 7－52 所示。A_1、A_2、A_3 均为理想集成运放，其最大电压输出为 ±12 V。

(1) 集成运放 A_1、A_2 和 A_3 各组成何种基本应用电路?

(2) 集成运放 A_1、A_2 和 A_3 各工作在线性区还是非线性区?

(3) 若输入信号 $u_I = 10 \sin\omega t$ (V)，对应 u_I 波形画出相应的 u_{O1}、u_{O2} 和 u_{O3} 的波形，并在图上标出有关电压的幅值。

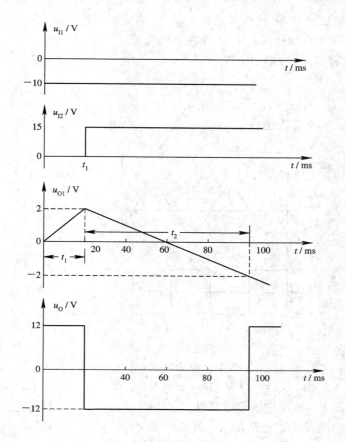

图 7 - 51 题 39 解图

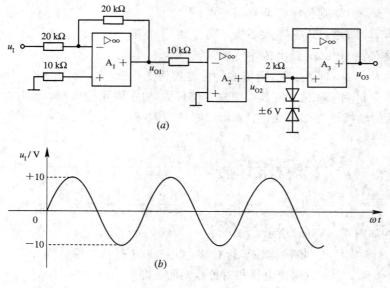

图 7 - 52 题 40 图

解：(1) A_1 组成倒相器(比例系数为1)，A_2 为反相的过零比较器；A_3 为电压跟随器。

(2) A_1、A_3 工作在线性区；A_2 工作在非线性区。

(3) u_{O1}、u_{O2} 和 u_{O3} 的波形如图 7 - 53 所示。

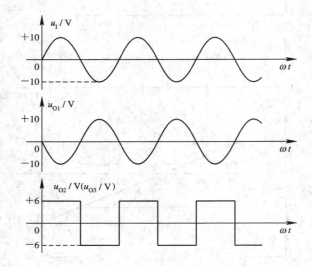

图 7 - 53 题 40 解图

41. 在如图 7 - 54 所示的电路中，设 $R_1 = 50 \text{ k}\Omega$，$R_2 = 100 \text{ k}\Omega$，$R_3 = 2 \text{ k}\Omega$，$U_R = -9 \text{ V}$，$U_Z = \pm 6 \text{ V}$，试计算电路的阈值电压，并画出它的传输特性。

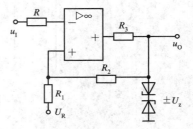

图 7 - 54 题 41 图

(1) 如果参考电压 U_R 逐渐增大，其它参数不变，传输特性将如何变化？设 $U_R = +9 \text{ V}$，画出其传输特性。

(2) 如果 $U_R = 0$，则传输特性有何特点？

(3) 如果 R_2 减小，其它参数不变，则传输特性将如何变化？设 $R_2 = 50 \text{ k}\Omega$，画出传输特性。

(4) 如果 $R_2 = \infty$(即开路)，则传输特性将如何变化？

(5) 如果将 u_1 和 U_R 位置互换，即输入信号 u_1 加在同相输入端，参考电压 U_R 加在反相输入端，则传输特性将如何变化？画出此时的传输特性。

解：

$$U_{TH1} = \frac{R_2}{R_1 + R_2} U_R + \frac{R_1}{R_1 + R_2} U_Z = \frac{100 \times (-9)}{50 + 100} + \frac{50 \times 6}{50 + 100} = -4 \text{ V}$$

$$U_{TH2} = \frac{R_2}{R_1 + R_2} U_R - \frac{50}{50 + 100} U_Z = \frac{100 \times (-9)}{50 + 100} - \frac{50 \times 6}{50 + 100} = -8 \text{ V}$$

传输特性如图 7 - 55(a)所示。

(1) U_R 逐渐增大时，传输特性平行右移。$U_R = 9 \text{ V}$ 时的传输特性如图 7 - 55(b)所示。

(2) $U_R = 0$ 时，上、下阈值电压相对原点对称，即 $U_{TH1} = 2 \text{ V}$，$U_{TH2} = -2 \text{ V}$。

(3) R_2 减小时，U_{TH1}、U_{TH2} 均增大，且回差($U_{TH1} - U_{TH2}$)也将增大。$R_2 = 50 \text{ k}\Omega$ 时的传输特性如图 7 - 55(c)所示。

（4）$R_2 = \infty$ 时，上、下阈值电压相等，变为 $U_{TH} = U_R = -9$ V，即成为单限比较器。

（5）比较器变为同相滞回比较器。由教材中的计算公式可得：

$$U_{TH1} = \left(1 + \frac{R_1}{R_2}\right)U_R + \frac{R_1}{R_2}U_z = \left(1 + \frac{50}{100}\right) \times (-9) + \frac{50}{100} \times 6 = -10.5 \text{ V}$$

$$U_{TH2} = \left(1 + \frac{R_1}{R_2}\right)U_R - \frac{R_1}{R_2}U_z = \left(1 + \frac{50}{100}\right) \times (-9) - \frac{50}{100} \times 6 = -16.5 \text{ V}$$

传输特性如图 7 - 55(d) 所示。

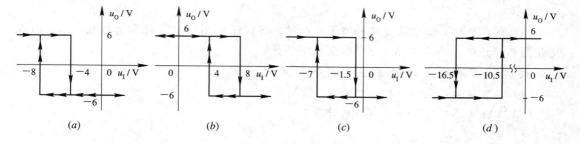

$$(a) \qquad\qquad (b) \qquad\qquad (c) \qquad\qquad (d)$$

图 7 - 55　题 41 解图

42. 电路亦如图 7 - 54 所示。如输入信号电压 $u_1 = 10 \sin\omega t$ （V），如图 7 - 56(a) 所示，试画出输出电压 u_O 的波形（电路参数为如题 41 所设数值）。

解： u_O 相对 u_1 的波形如图 7 - 56(b) 所示。

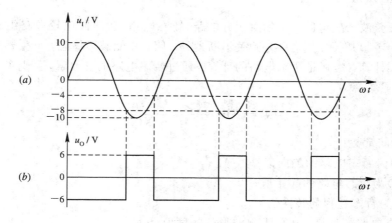

图 7 - 56　题 42 图

第八章　波形发生与变换电路

在实际工作中，经常需要各种波形。本章主要讨论运用分立元件和运算放大器，组成正弦波和非正弦波产生电路，以及振荡频率的计算。

通过本章的学习，读者应了解下列内容：
(1) 非正弦波产生的原理及频率的计算；
(2) 正弦波产生的原理及频率的计算。

8.1　本　章　小　结

8.1.1　非正弦波产生电路

(1) 非正弦波产生电路，实际由积分电路(暂态电路)和滞回比较电路组成。前者产生暂态过程，后者起开关作用，只有开关不断地开、闭，才能破坏稳态，产生暂态过程。

(2) 波形计算，实际是暂态电路的计算。通过暂态电路的三要素，可计算时间(如脉冲宽度、周期(或频率))，

$$T = \tau \ln \frac{X(\infty) - X(0^+)}{X(\infty) - X(T)}$$

其中：τ 为时间常数；

　　　$X(\infty)$ 为暂态电路的趋向值；

　　　$X(0^+)$ 为暂态电路的起始值；

　　　$X(T)$ 为暂态过程的转换值。

通过暂态电路的计算，还可求出波形的幅度值。

一般可同时获得三角波(锯齿波)和方波(矩形波)。积分电路输出三角波(锯齿波)，比较器输出方波(矩形波)。产生三角波或锯齿波的电路形式一样，但前者充、放电时间常数相等，而后者充、放电时间不等，且相差甚大。

8.1.2　正弦波产生电路

(1) 组成：正弦波产生电路由放大电路、选频网络、反馈网络以及有稳幅措施的电路组成。

(2) 振荡条件：必须满足相位条件和幅度条件。

相位条件，即必须保证是正反馈；幅度条件，即为了保证振荡，要求反馈量要足够大，

才能维持振荡。为此，推导出保证振荡时放大器工作正常的放大系数，我们又称此为起振条件。本书仅推导了 RC 文氏振荡电路的起振条件

$$A_{\mathrm{f}} \geqslant 3 \quad 即 \quad R_{\mathrm{f}} \geqslant 2R_{\mathrm{I}}$$

读者必须掌握如何根据电路判断是否振荡；如不振荡，其原因是什么，并会改正电路，使之能振荡。

（3）振荡频率的计算：RC 文氏振荡电路（主要用于低频振荡）的振荡频率为

$$f_{\circ} = \frac{1}{2\pi RC}$$

LC 振荡电路（主要用于高频振荡）的振荡频率为

$$f_{\circ} = \frac{1}{2\pi \sqrt{LC}}$$

注意：不同的 LC 振荡电路，其 L 和 C 的计算不同。

8.1.3　石英振荡电路

石英振荡电路其振荡频率特别稳定，所以常用于要求振荡频率高度稳定的场合。

8.2　典型题举例

例 1　电路如图 $8-1(a)$ 所示，设 A 具有理想的特性，$R_1 = R_2 = R = 100 \text{ k}\Omega$，$R_3 = 10 \text{ k}\Omega$，$C = 0.01 \text{ }\mu\text{F}$，$\pm U_z = \pm 5 \text{ V}$。

（1）指出电路各组成部分的作用；

（2）画出输出电压 u_{O} 和电容器上的电压 u_{C} 的波形；

（3）求出输出电压峰峰值；

（4）求出电容电压峰峰值；

（5）写出振荡周期 T 的表达式，并求出具体数值。

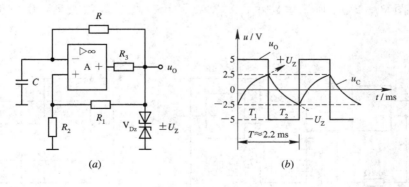

图 $8-1$　例 1 图

解：（1）A、$R_1 \sim R_3$ 以及 V_{Dz} 组成滞回比较器，起开关作用。其中 R_1、R_2 形成正反馈，R_3 与 V_{Dz} 实现输出限幅。R 和 C 串联，组成暂态电路，产生暂态过程，起反馈和延迟作用。电容充、放电时的电压作为滞回比较器的输入。

（2）波形见图 8 - 1(b)。

（3）方波输出的幅度由 R_3、V_{Dz} 组成的限幅电路决定。

（4）$U_{opp} = 2U_Z = 10$ V。

三角波的幅度由滞回比较器的 U_+ 值确定，因为电容电压 u_C 所确定的 U_- 值与 U_+ 值相比：

$$U_+ > U_-, \quad u_O = +U_Z$$
$$U_+ < U_-, \quad u_O = -U_Z$$

由电路可得

$$U_+ = \frac{R_2}{R_1 + R_2} u_O = \frac{R_2}{R_1 + R_2} U_Z$$

即

$$U_+ = \pm \frac{100}{100 + 100} \times 5 \text{ V} = \pm 2.5 \text{ V}$$

所以

$$U_{opp} = 5 \text{ V}$$

（5）周期 $T = T_1 + T_2$，由于是方波，$T_1 = T_2$，由波形图可得

$$T_1 = RC \ln \frac{u_C(\infty) - u_C(0^+)}{u_C(\infty) - u_C(T_1)}$$

$$= RC \ln \frac{U_Z + \dfrac{R_2}{R_1 + R_2} U_Z}{U_Z - \dfrac{R_2}{R_1 + R_2} U_Z} = RC \ln \left(1 + \frac{2R_2}{R_1}\right)$$

$$T = 2T_1 = 2RC \ln \left(1 + \frac{2R_2}{R_1}\right)$$

代入数据，得

$$T = 2 \times 100 \times 10^3 \times 0.01 \times 10^{-6} \ln \left(1 + \frac{2 \times 100}{100}\right) \approx 2.19 \text{ ms}$$

例 2 图 8 - 2(a)所示电路中，A_1、A_2 均为理想运算放大器，稳压管的稳压值 $U_Z = 5$ V。

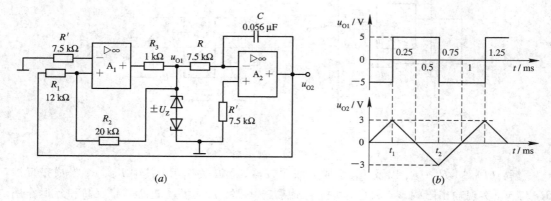

(a) 　　　　　　　　　　　　(b)

图 8 - 2　例 2 图

（1）A_1、A_2 与相应的元件组成什么电路？各自功能如何？

（2）画出 u_{O1}、u_{O2} 的波形，求出电压幅度与频率。设 $t=0$ 时 $u_{O1}=-5$ V，$u_{O2}=0$ V。

解：（1）A_1 组成滞回比较器，起开关作用，可把三角波变为方波；A_2 组成积分运算电路，可对电容恒流充、放电，将方波变为三角波，所得三角波的线性很好。

（2）方波 u_{O1} 的幅值由 R_3、V_{Dz} 限幅电路决定，即

$$U_{o1m}=\pm U_Z=\pm 5 \text{ V}$$

三角波的幅值由 A_1 滞回比较器决定。

$$\frac{R_1}{R_1+R_2}U_Z+\frac{R_2}{R_1+R_2}U_{om}=0$$

$$U_{om}=\pm\frac{R_1}{R_2}U_Z=\pm\frac{12}{-20}\times 5=\pm 3 \text{ V}$$

振荡周期

$$T=4RC\frac{R_1}{R_2}\approx 1 \text{ ms}$$

$$f=\frac{1}{T}\approx 1 \text{ kHz}$$

其相关时间计算如下：

t_1 是 u_{O2} 由 $0 \to 3$ V 时的时间

$$u_{O2}=-\frac{u_{O1}}{RC}t+u_C(0)$$

$$t=\frac{[u_{O2}-u_C(0)]RC}{u_{O1}}$$

$$t_1=\frac{(3-0)\times 0.413\times 10^{-3}}{5}=0.25 \text{ ms}$$

t_2 是 u_{O2} 由 $+3$ V $\to -3$ V 时的时间

$$t_2=\frac{(3+3)\times 0.413\times 10^3}{5}+t_1=0.5 \text{ ms}+t_1=0.75 \text{ ms}$$

波形见图 8 - 2(b)所示。

例 3　一个实际的正弦波电路的组成为_____。

① 放大电路和反馈网络

② 放大电路和选频网络

③ 放大电路、反馈网络和稳频网络

④ 放大电路、反馈网络和选频网络

答案：④

例 4　产生低频正弦波一般可用_____振荡电路；产生高频正弦波可用_____振荡电路；要求频率稳定性很高，则可用_____振荡电路。

答案：RC；LC；石英晶体

例 5　用相位平衡条件判断图 8 - 3 所示的两个电路是否有可能产生正弦振荡，并简述理由。假设耦合电容和射极旁路电容很大，可视为对交流信号短路。

答案：这两个电路均不能产生振荡。因为不满足相位平衡条件。

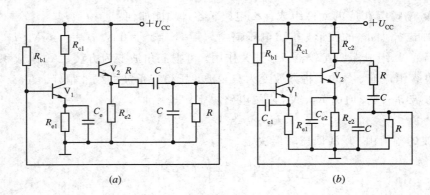

(a) *(b)*

图 8 – 3 例 5 图

例 6 电路如图 8 – 4 所示，已知 $R_1 = R_2 = R = 10$ kΩ，$C_1 = C_2 = C = 0.02$ μF。试回答：

（1）该电路是什么电路？输出什么波形？

（2）由哪些元件组成选频网络？

（3）振荡频率 $f_\circ \approx$？

（4）为满足起振条件，应如何确定 R_f？

（5）若电路接线无误，放大电路工作状态正常，但不能产生振荡，可能是什么原因？应调整电路中哪个参数最为合适？调大还是调小？

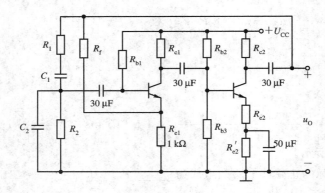

图 8 – 4 例 6 图

答：（1）该电路为 RC 串并网络正弦波振荡电路，输出正弦波。

（2）选频网络由 R_1、R_2、C_1、C_2 组成。

（3）
$$f_\circ \approx \frac{1}{2\pi RC} \approx 796 \text{ Hz}$$

（4）深负反馈条件下，

$$|A_{uf}| = 1 + \frac{R_f}{R_{e1}} \geqslant 3$$

故
$$R_f = 2R_{e1} = 2 \text{ kΩ}$$

（5）可能是放大倍数太小，不满足起振条件。可以调整 R_f，增大阻值，使放大倍数增大。不过应注意，若 R_f 太大，则输出波形产生严重失真。所以 R_f 不能太大，一般是在保证起振条件的前提下，尽可能减小 R_f，增强负反馈，以改善输出波形。

例 7 电路如图 8 - 5 所示。为组成一个 RC 文氏桥振荡电路，其连接方式为_____。

① 1−7，2−8，3−5，4−6

② 1−5，2−6，3−7，4−6

③ 1−7，2−6，3−8，4−5

④ 1−7，2−5，3−8，4−6

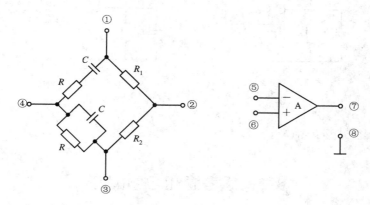

图 8 - 5　例 7 图

答案：④

(1) 若要提高振荡频率，应_____。

① 增大 R；　　② 减小 C；　　③ 增大 R_1；　　④ 减小 R_2

答案：②

(2) 若振荡器输出的正弦波形失真，应_____。

① 增大 R；　　② 增大 C；　　③ 增大 R_1；　　④ 增大 R_2

答案：④

例 8 电路如图 8 - 6 所示，试标出各电路中变压器的同名端，使之满足相位平衡条件。

答案： 两电路都应是 1 端和 3 端为同名端。

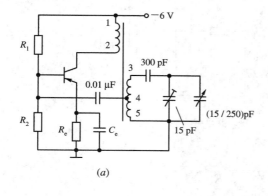

(a)

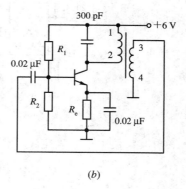

(b)

图 8 - 6　例 8 图

例 9 要使图 8 - 7 所示电路能产生正弦波振荡,应如何标注变压器原、副边绕组中的另一个同名端? 在图中标出原点。

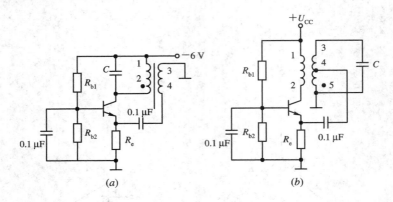

图 8 - 7 例 9 图

答案:图(*a*):4 端;图(*b*):1 端

8.3 思考题和习题解答

1. 利用运放组成非正弦波发生电路,其基本电路由哪些单元组成?

答:RC 组成的积分电路(或 RC 和运放组成的积分运算电路)产生暂态过程;运放组成滞回比较器作为开关。

2. 锯齿波发生电路和三角波发生电路有何区别?

答:电路形式基本一样,不同之处为三角波充、放电时的常数相等;锯齿波充电时的常数与放电时的常数相差较大。

3. 电路如图 8 - 8 所示,如要求电路输出的三角波的峰峰值为 16 V,频率为 250 Hz,试问:电阻 R_3 和 R 应选为多大?

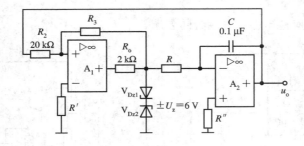

图 8 - 8 题 3 图

解:三角波幅值由下式确定:

$$U_{om} = \pm \frac{R_2}{R_3} U_z$$

峰峰值为

$$U_{\text{opp}} = 2 \frac{R_2}{R_3} U_z$$

$$R_3 = \frac{2R_2 U_z}{U_{\text{opp}}} = \frac{2 \times 20 \times 6}{16} = 15 \text{ k}\Omega$$

为保证 $f = 250$ Hz，电阻 R 由下式确定：

$$f = \frac{R_3}{4RCR_2}$$

$$R = \frac{R_3}{4fCR_2} = \frac{15 \times 10^3}{4 \times 250 \times 0.1 \times 10^{-6} \times 20 \times 10^3} = 7.5 \text{ k}\Omega$$

4. 电路如图 8-9 所示。设二极管正向导通电阻忽略不计，试估算电路的 u_{o1} 和 u_{o2} 的峰值及工作频率。

解：该电路由于二极管的存在，使 $\tau_{\text{充}} \ll \tau_{\text{放}}$，故这是矩形波（$u_{o2}$）和锯齿波（$u_{o1}$）产生电路。$u_{o2}$ 的振幅值为 ± 6 V，峰峰值为 12 V。

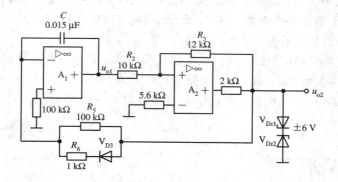

图 8-9　题 4 图

锯齿波的峰峰值为

$$U_{\text{opp1}} = 2 \frac{R_2}{R_3} U_z = \frac{2 \times 10}{12} \times 6 = 10 \text{ V}$$

工作频率

$$f = \frac{1}{T} = \frac{R_3}{2R_2(r_d + R_5 + R_6)C}$$

其中，$r_d \approx 0$，则

$$f = \frac{12 \times 10^3}{2 \times 10 \times 10^3 \times 101 \times 10^3 \times 0.015 \times 10^{-6}} = 0.396 \text{ kHz} = 396 \text{ Hz}$$

5. 产生正弦波振荡的条件是什么？它与负反馈放大电路的自激振荡条件是否相同？为什么？

答：产生正弦波振荡的条件是

$$\dot{A}\dot{F} = 1$$

即

幅度平衡条件：$\dot{A}\dot{F} = 1$；

相位平衡条件：$\varphi_A + \varphi_F = \pm 2n\pi$，$n = 0, 1, 2, \cdots$；

负反馈自激条件：$\dot{A}\dot{F} = -1$。

显然条件 1 和条件 3 之间相差一个负号。放大电路中，为改善放大电路的性能，引入的是负反馈，即放大电路中反馈信号与输入信号的符号相反。在高频区或低频区的某一频率下，满足 $\dot{A}F=-1$，即附加相移为 $(2n+1)\pi$，使负反馈变为正反馈，因而产生了自激振荡。这种现象是我们所不希望的，因此应设法消除。但是，当我们的目的是要使放大电路产生振荡时，就要有意识地引入正反馈。

6. 正弦波振荡电路由哪些部分组成？如果没有选频网络，输出信号将有什么特点？

答：由放大电路、选频网络、反馈网络、稳幅电路四个部分组成。如无选频网络，则将有多个频率满足振荡条件，且输出信号不是单一频率的正弦波，而是一个含有多个频率信号之和的波形。

7. 通常正弦波振荡电路接成正反馈，为什么电路中又引入负反馈？负反馈作用太强或太弱有什么问题？

答：引入负反馈的目的是改善输出波形，减小非线性失真。负反馈太强，对波形改善有利，但影响起振条件，甚至振荡不起来。负反馈太弱，对克服波形失真不力。

8. 试用相位平衡条件判断图 8 - 10 所示各电路，回答下列问题：

(1) 哪些可能产生正弦振荡？哪些不能？

(2) 对不能产生振荡的电路，如何改变接线使之满足相位平衡条件？

答：(1) 图 (a) 不能振荡；图 (b) 不能振荡；图 (c) 可以振荡；图 (d) 不能振荡。

(2) 图 (a) 反馈通过 C_b 引至 e 极；图 (b) 反馈通过 C_{e1} 引至 b1；图 (d) 将运放＋、一端反过来即可。

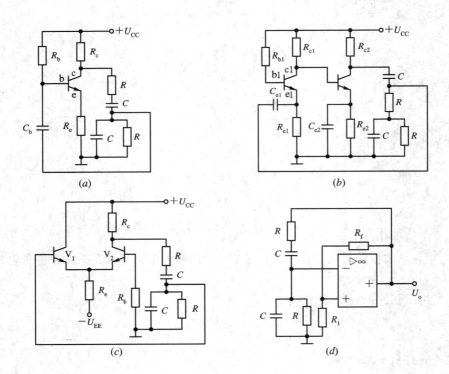

图 8 - 10　题 8 图

9. 文氏桥振荡电路如图 8 - 11 所示。

(1) 说明二极管 V_{D1}、V_{D2} 的作用。

(2) 为使电路能产生正弦波电压输出，请在放大器 A 的输出端标明同相输入端和反相输入端。

(3) 为了起到与二极管 V_{D1}、V_{D2} 同样的作用，如改用热敏元件实现，而热敏元件分为：具有负温度系数的热敏电阻和具有正温度系数的热敏电阻。试问如何选择热敏电阻替代二极管 V_{D1}、V_{D2}。

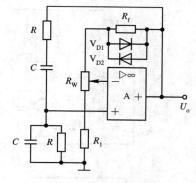

图 8 - 11　题 9 图

答：(1) V_{D1}、V_{D2} 是稳幅电路。当输出幅度变化时，则流过二极管的电流变化，工作点发生相应变化，改变二极管的导通电阻，改变放大倍数，从而达到稳幅的目的。如输出幅度减小→流过二极管电流下降→二极管电阻增大→放大倍数 $A_{uf} = 1 + \dfrac{R_f /\!/ r_d}{R_1}$ 增加→输出幅度上升。

(2) 运放的同相输入端应在下端，标 $\oplus$；反相输入端在上端，标 $\ominus$。

(3) 将二极管去掉，选用热敏电阻也可起到稳幅作用。热敏电阻有正温度系数，即温度上升，电阻也上升；还有负温度系数，即温度上升，电阻反而下降。

如热敏电阻用在 R_f，则电压上升→流过电阻的电流上升→电阻温度也上升，为使输出电压降下来，则要求 A_{uf} 下降，而 $A_{uf} = 1 + \dfrac{R_f}{R_1}$，所以，要求 R_f 下降，应选用负温度系数的热敏电阻。

同理，如热敏电阻用在 R_1 上，则应选用正温度系数的热敏电阻。

10. 电路如图 8 - 12 所示。为了能产生正弦波振荡，电路应如何连接？

答：将 A、B、m 相连，即可产生正弦波振荡。

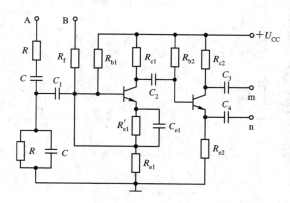

图 8 - 12　题 10 图

11. 试用相位平衡条件判断图 8 - 13 所示各电路的情况：

(1) 哪些电路可能产生正弦振荡？哪些不能？

(2) 对不能产生自激振荡的电路进行改接，使之满足相位平衡条件。

答：图(a)不能振荡，将次级绕组同名端改在下端(或初级绕组同名端改在上端)即可；图(b)可以振荡；图(c)可以振荡；图(d)可以振荡。

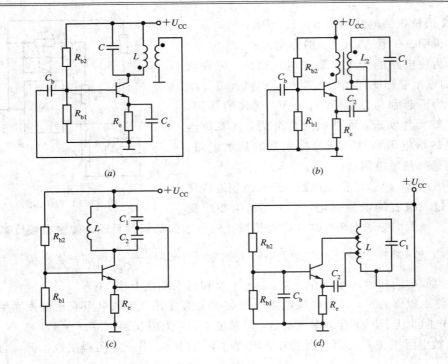

图 8-13 题 11 图

12. 为了使图 8-14 中各电路能产生正弦波振荡,请在图中将 j、k、m、n 各点正确地连接起来。

答:图(a)中将 m—n 相连;j—k 相连。图(b)中将 k—n 相连;m—j 相连。图(c)中将 j—m 相连。

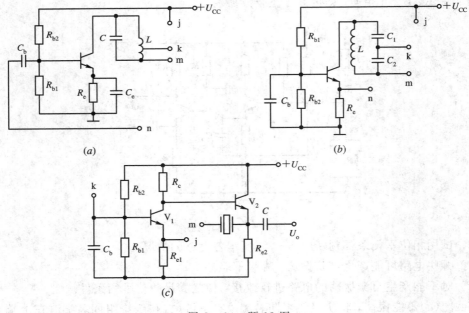

图 8-14 题 12 图

第九章　低频功率放大器

经过放大了的信号最终要推动负载，如扬声器发声，电动机转动，这些负载要求有足够大的功率推动。本章讨论功率放大器，我们知道功率 $P=IU$，故功率 P 要大，则要求输出的电压和电流也要大。所以说功率放大器是大信号工作范围。

本章主要讲述功率放大器的特征、分类，特别着重讲述了目前功率放大器的主要形式——互补对称功率放大器。

通过本章的学习，读者应了解下列内容：

（1）互补对称功率放大器（OCL）的工作原理，输出功率的计算，选管的原则；

（2）交越失真产生的原因及克服交越失真的电路。

（3）复合管组成的原则及复合管在功放管中的作用。

（4）单电源互补对称功率放大器（OTL）的原理，它与 OCL 电路的异同点。

9.1　本　章　小　结

9.1.1　功放的特征

为了输出足够大的功率，要求输出的电压和电流均足够大，因此，功率放大器属于大信号工作，故不能用微变等效电路法进行分析，而只能用图解法进行分析。由于工作在大信号状态，故非线性失真较大。放大器实质上是能量转换器，所谓放大信号，是将直流能量转换为交流能量。因此就涉及转换效率的问题。对电压放大器而言，主要要求足够的电压放大倍数，一般输出功率较小，效率可以不考虑。功率放大器输出功率大，转换效率就必须考虑。

9.1.2　功放分类

功率放大器的分类，通常是按管子的导通情况进行的。

在信号的整个周期均导通，即导通角 $\theta=360°$ 时，称为甲类或 A 类功率放大器；导通角为 $180°<\theta<360°$ 的，称为甲乙类或 AB 类功率放大器；导通角 $\theta=180°$ 时，称为乙类或 B 类功率放大器。

一般来讲，甲类功率放大器 $\theta=360°$，非线性失真较小，但由于工作点较高，直流电源提供功率 $P_E=I_{CQ}U_{CC}$ 大，故效率较低，$\eta\leqslant50\%$；乙类功率放大器 $\theta=180°$，静态时管子处于截止状态，$I_{CQ}=0$，直流电源提供功率为零，输入信号后，只有一半输出波形，直流电流成分是平均电流,直流电源提供的功率也较小,故乙类放大器其效率较高,$\eta=78.5\%$。但乙类放大器非线性失真大。目前低频功率放大器主要工作在甲乙类,通过电路较好地解决了效率与非线性失真的矛盾。

9.1.3　互补对称功率放大器

1. 基本互补对称功率放大器

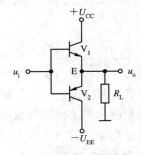

低频功率放大器的主要电路是互补对称功率放大器,其电路构成如图 9-1 所示。所谓互补是指 NPN 管和 PNP 管导通的互补特性,对称即要求两个管子性能一致,工作状态一致。静态时 $U_E=0$ V。动态时,在信号 u_i 正半周,V_1 的 NPN 管导通,V_1 管向负载 R_L 提供正半周电流;信号 u_i 负半周时 V_2 的 PNP 管导通,V_2 管向负载 R_L 提供负半周电流。对 V_1、V_2 管而言,均工作在乙类状态,对信号的非线性失真大,但在负载 R_L 上合成的波形失真较小。

图 9-1　互补对称功率放大器

2. 交越失真及克服交越失真的电路

由于三极管存在死区电压,即在 U_{BE} 较小时三极管不导通或导通情况不好,因此,输出波形将产生失真,我们称这种失真为交越失真。克服交越失真的方法就是在三极管 b 极与 e 极间加一个正向电压,使其避开死区,处于微导通状态。具体电路有两种:一种是在 V_1、V_2 管基极间接入二极管,利用二极管导通电压降 U_D 向 V_1、V_2 管的发射极提供所需的正向压降;另一种是采用电位提升电路。

3. 复合管

由于功率放大器输出功率大,故功放管信号电流很大。由于功放管电流放大系数 β 较小(一般为 20~30),故其基极推动电流 I_b 要求很大,前级放大器很难提供。为此,常采用复合管技术来解决。所谓复合管,就是将一只小功率三极管(β 大)和一只大功率三极管(β 小),通过合理的连接,组成一只高 β 大功率的三极管。即

$$小功率 NPN + 大功率 NPN \Rightarrow 高 \beta 大功率 NPN$$

$$小功率 PNP + 大功率 PNP \Rightarrow 高 \beta 大功率 PNP$$

电路结构如图 9-2(a)、(b)所示。

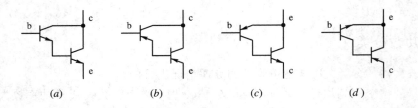

$$(a)\qquad\qquad (b)\qquad\qquad (c)\qquad\qquad (d)$$

图 9-2　复合管

互补对称电路要求所用大功率管 NPN、PNP 管的性能一致,但要从不同类型的管子中挑选两只性能一致的管子是十分困难的。为解决此问题,通常也是采用复合管技术,即

$$小功率 PNP + 大功率 NPN \Rightarrow 大功率 PNP 管$$

小功率 NPN ＋ 大功率 PNP ⇒ 大功率 NPN 管

电路结构如图 9 - 2(c)、(d)所示。

这样，图 9 - 2 中的(a)、(c)两种复合管可组成均采用大功率管 NPN 的互补对称电路；而图 9 - 2 中的(b)、(d)两种复合管可组成均采用大功率管 PNP 的互补对称电路。

4. 单电源互补对称功率放大器

这种电路只用一组电源，但输出与负载间必须接一个大电容电路才能正常工作。此种电路常称为 OTL 电路(无输出变压器)。前面所讲的双电源电路常称为 OCL 电路(无输出电容)。

5. 参数计算

(1) 功率计算如下：

输出功率 $\qquad P_o = \dfrac{1}{2} \dfrac{U_{om}^2}{R_L}$ $\qquad$ (U_{om} 为输出电压幅值)

输出最大功率 $\qquad P_{omax} = \dfrac{1}{2} \dfrac{(U_{CC} - U_{ces})^2}{R_L}$

(2) 选管时应遵循以下原则：

最大功率损耗 $\qquad P_{CM} \geqslant 0.2 \, P_{omax}$

击穿电压 $\qquad BU_{CEO} \geqslant 2U_{CC} - U_{ces}$

最大集电极电流 $\qquad I_{CM} \geqslant \dfrac{U_{CC} - U_{ces}}{R_L}$

上述公式均是对 OCL 电路而言的，对于 OTL 电路，仅需将公式中的 U_{CC} 改为 $\dfrac{1}{2} U_{CC}$ 即可。

9.2 典型题举例

例 1 功率放大电路如图 9 - 1 所示，该电路工作状态为_____。

① 工作在 A 类状态，存在非线性失真

② 工作在 B 类状态，存在交越失真

③ 工作在 AB 类状态，存在交越失真

④ 工作在 B 类状态，不存在交越失真

答案：②

例 2 A 类(甲类)放大电路，其放大管的导通角等于_____，B 类(乙类)放大电路，其导通角等于_____，AB 类(甲乙类)放大电路，放大管导通角为_____。

答案：$360°$；$180°$；大于 $180°$ 而小于 $360°$

例 3 在 OCL 功率放大电路中，输入为正弦波，输出波形如图 9 - 3 所示，这说明该电路产生了_____。

① 饱和失真； ② 截止失真； ③ 频率失真； ④ 交越失真

答案：④

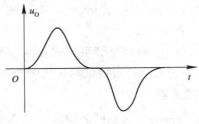

图 9 - 3　例 3 图

例 4　为改善例 3 的输出波形，电路上应该_____。

① 进行相位补偿。

② 适当增大功放管静态 $|U_{BE}|$ 值，使之处于微导通态。

③ 适当减小功放管静态 $|U_{BE}|$ 值，使之处于微导通态。

④ 适当增加负载电阻 R_L 的阻值。

答案：②

例 5　OCL 电路如图 9 - 4 所示。回答下列问题：

(1) 静态时，流过负载电阻 R_L 的电流有多大？

(2) R_1、R_2、R_3、V_{D1}、V_{D2} 各起什么作用？

(3) 若 V_{D1}、V_{D2} 中有一个接反，会出现什么后果？

答：(1) OCL 电路静态时 $U_O=0$，所以 $I_L=0$。

(2) R_1、R_3 为功放管 V_1、V_2 提供基极电流通路，也为二极管支路提供电流通路。R_2、V_{D1}、V_{D2} 为 V_1、V_2 提供静态偏置电压 $U_{BE1}+U_{EB2}$，使之工作在 AB(甲乙)状态。

(3) 信号加不进 V_2 管，并导致 V_1 的基极电流过大，有可能烧坏功放管。

例 6　OCL 功率放大电路如图 9 - 4 所示。

(1) 静态时，输出电压 U_O 应是多少？调整哪个电阻能满足这一要求？

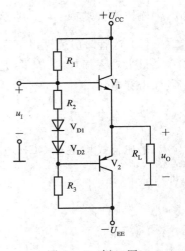

图 9 - 4　例 5 图

(2) 动态时，若输出电压波形出现交越失真，应调整哪个电阻？如何调整？

(3) 设 $U_{CC}=10$ V，$R_1=R_3=2$ kΩ，晶体管的 $U_{BE}=0.7$ V，$\beta=50$，$P_{CM}=200$ mW，静态时 $U_O=0$，若 V_{D1}、V_{D2} 和 R_2 三个元件中任何一一个开路，将会产生什么后果？

答：(1) $U_O=0$，调整 R_1 或 R_3 可满足要求。

(2) 增大 R_2 即可。

(3) 求出此时的静功率损耗

$$P_C = I_{CQ} \cdot U_{CEQ}$$

其中 $I_{CQ}=\beta I_B$。

由于 $U_O=0$，所以，流过 R_L 的电流为零。当 V_1、V_2 特性完全对称，即 $I_{B1}=I_{B2}=I_B$ 时，则

$$I_B = \frac{2U_{CC} - 2U_{BE}}{R_1 + R_3} = 4.65 \text{ mA}$$

$$I_{CQ} = \beta I_B = 50 \times 4.65 \text{ mA} = 232.5 \text{ mA}$$

$$U_{CEQ} = U_{CC} = 10 \text{ V}$$

所以 $\qquad P_C = I_{CQ} \cdot U_{CEQ} = 232.5 \times 10 = 2325 \text{ mW} \gg P_{CM}$

故 V_1、V_2 管将被烧毁。

例 7 功率放大电路如图 9-5 所示。

(1) $U_i = 0$ 时，U_E 应调至多少伏？

(2) 电容 C 的作用如何？

(3) $R_L = 8 \ \Omega$，管子饱和压降 $U_{ces} = 2 \text{ V}$，求最大不失真输出功率 P_{omax}。

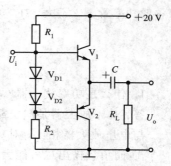

解：(1) 该电路为单电源电路，即 OTL 电路，$U_i = 0$，

$U_E = \dfrac{1}{2} U_{CC} = 10 \text{ V}$。

(2) 在信号负半周时 V_1 截止、V_2 导通，C 通过 V_2 放电，电容 C 此时起到电源的作用。

图 9-5 例 7 图

(3) $\qquad P_{omax} = \dfrac{1}{2} \dfrac{\left(\dfrac{1}{2} U_{CC} - U_{ces} \right)^2}{R_L} = \dfrac{1}{2} \cdot \dfrac{8^2}{8} = 4 \text{ W}$

例 8 功率放大电路如图 9-6 所示。$U_{ces} = 1 \text{ V}$。

(1) 为组成互补对称功率放大电路，试标出 V_1、V_2 的发射极。

(2) 说明 V_{D1}、V_{D2} 的作用。

(3) 若运放的最大输出电流为 $\pm 10 \text{ mA}$，为得到最大输出电流，V_1、V_2 管的 β 应为多少？

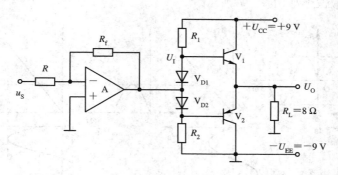

图 9-6 例 8 图

解：(1) 按互补对称电路组成原则，V_1 为 NPN 管，V_2 为 PNP 管，且与负载均组成射极跟随器。所以，与负载相连处的极应为发射极。

(2) V_{D1}、V_{D2} 的作用是消除交越失真，利用 V_{D1}、V_{D2} 导通的压降，向 V_1、V_2 提供一个起始偏压，使其处于微导通态。

(3) 最大输出电流为

$$I_{Lmax} = \frac{U_{CC} - U_{ces}}{R_L} = \frac{9-1}{8} = 1 \text{ A}$$

由于运放输出可达 $\pm 10 \text{ mA}$，即形成基极电流，正半周，运放向 V_1 提供 $+10 \text{ mA}$ 电流；负半周，运放向 V_2 提供 -10 mA 电流。根据管子的电流关系

$$I_E = 1 \text{ A} = (1+\beta)I_B \approx \beta I_B$$

得

$$\beta = \frac{1 \text{ A}}{10 \text{ mA}} = 100$$

（一般功率管其 β 不大，在 $20 \sim 30$ 之间，要使 $\beta = 100$，则应采用复合管技术）。

9.3　思考题和习题解答

1. 什么是功率放大器？与一般电压放大器相比，对功率放大器有何特殊要求？

答：功率放大器是向负载输出功率（或是驱动负载的放大器）。

与电压放大器相比，对功放的要求是：

① 向负载输出尽可能大的不失真的功率。

② 由于功率 $P_o = I_o U_o$，功率要大，则 I_o、U_o 均应大，所以，功率放大电路工作在大信号下，因而非线性失真应考虑。

③ 效率要高。

2. 如何区分晶体管是工作在甲类、乙类还是甲乙类状态？画出在三种工作状态下的静态工作点和与之相应的工作波形示意图。

答：按三极管导通角 θ 来区分：

甲类：$\theta = 360°$；

乙类：$\theta = 180°$；

甲乙类：$180° < \theta < 360°$。

上述三类对应波形如图 $9-7$ 所示。

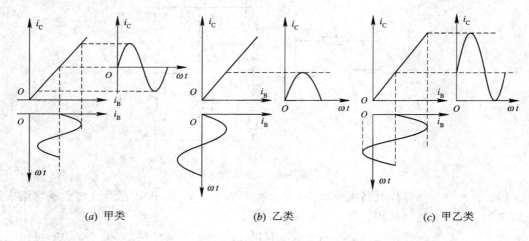

(a) 甲类　　　　　　(b) 乙类　　　　　　(c) 甲乙类

图 $9-7$　题 2 图

3. 对于甲类放大器，信号幅度越小失真就越小；而对于乙类功率放大器，信号幅度小时失真反而明显。请说明理由。

答：对于甲类放大器，由于要求 $\theta = 360°$，所以静态工作点设计在交流负载的中点，信号大了就进入截止区或饱和区，产生失真。

对于乙类功率放大器，由于 $\theta = 180°$，静态工作点处于零偏置状态，又由于三极管存在死区电压，在 U_{BE} 较小时，导通情况不好，所以产生交越失真。

4. 何谓交越失真？如何克服交越失真？

答：由于三极管存在死区电压，所以，在输入信号起始端，管子导通不好，因此，在 OCL 电路中，工作在乙类时，输入信号由正穿越零到负，或由负穿越零到正，将产生失真，就称为交越失真。

克服交越失真的办法就是使管子工作在甲乙类，当静态时，管子均处于微通状态，避开死区电压部分。

5. 功率管为什么有时用复合管代替？复合管的组成原则是什么？

答：当输出功率较大时，功率管的电流较大，由前级推动十分困难，此时就需要采用复合管。

组成复合管的原则是：管子各极电流应一致，前级管子的电流，正好提供后级的电流。（通过题 6 的分析可对复合管的组成原则有进一步的体会。）

6. 指出图 9 – 8 所示电路的组合形式哪些是正确的，哪些是错误的；组成的复合管是 NPN 型还是 PNP 型；标出三极管电极。

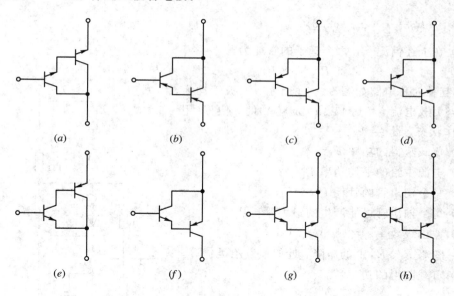

图 9 – 8　题 6 图

答：(a) 正确，是 NPN 三极管，左端是基极，上端是发射极，下端是集电极。

(b) 正确，是 PNP 三极管，左端是基极，上端是集电极，下端是发射极。

(c) 正确，是 PNP 三极管，左端是基极，上端是发射极，下端是集电极。

(d) 不正确，因为前级管子集电极电流的方向不能提供后级管子的基极电流。所以不能工作。

(e) 正确，是 NPN 三极管，左端是基极，上端是集电极，下端是发射极。

(f) 不正确，理由同(d)。

(g) 不正确，其理由是，上端电流为 $I_{E2} - I_{C1}$，由于该管基极电流向里流，应该是 NPN 管，上端应是发射极，但电流为 $I_{E2} - I_{C1}$，比此电流 I_{C2} 还小，不合理。

(h) 不合理，其理由同(d)。

7. 电路如图 9-9 所示，设输入信号足够大，晶体管的 P_{CM}、BU_{CEO} 和 I_{CM} 足够大。

(1) u_i 极性如图所示，i_{B1} 是增加还是减小？i_{B2} 呢？

(2) 若晶体管 V_1 和 V_2 的 $U_{ces} = 3$ V，计算此时的输出功率 P_o 和 η。

(3) 在上述情况下，每只晶体管的最大管耗各是多少？

解：(1) 按图上标出的 u_i 的极性，i_{B1} 上升，i_{B2} 将减小。

(2)
$$P_o = \frac{1}{2} \frac{(U_{CC} - U_{ces})^2}{R_L}$$
$$= \frac{1}{2} \frac{(15-3)^2}{8}$$
$$= \frac{1}{2} \cdot \frac{(12)^2}{8} = 9 \text{ W}$$

$$\eta = \frac{\pi}{4} \xi$$

其中
$$\xi = \frac{U_{CC} - U_{ces}}{U_{CC}} = \frac{12}{15}$$

所以
$$\eta = \frac{\pi}{4} \times \frac{12}{15} = 62.8\%$$

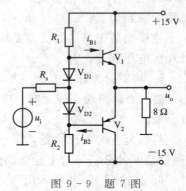

图 9-9　题 7 图

(3) 在上述情况下，每个管子的管耗为
$$P_{1cmax} = P_{2cmax} \approx 0.2 P_{om} = 1.8 \text{ W}$$

8. 互补对称电路如图 9-10 所示，三极管均为硅管。当负载电流 $i_o = 0.45 \sin(\omega t)$（A）时，估算（用乙类工作状态，设 $\xi = 1$）：

(1) 负载获得的功率 $P_o = ?$

(2) 电源供给的平均功率 $P_E = ?$

(3) 每个输出管的管耗 $P_c = ?$

(4) 每个输出管可能产生的最大管耗 $P_{cmax} = ?$

(5) 输出级效率 $\eta = ?$

解：忽略 R_6、R_7 上的压降，近似地以乙类估算。

(1) 负载获得的功率：
$$P_o = \frac{1}{2} I_{om}^2 R_L$$
$$= \frac{1}{2} 0.45^2 \times 35 = 3.54 \text{ W}$$

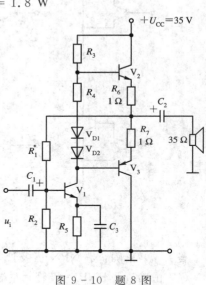

图 9-10　题 8 图

(2) 电源供给的平均功率：
$$P_E = \frac{I_{om}}{\pi} U_{CC} = \frac{0.45}{3.14} \times 35 = 5.01 \text{ W}$$

(3) 每个输出管的管耗：

电源供给功率减去输出功率，就是功率管的管耗，除以 2 即得每一个管子的功耗：
$$P_{c1} = P_{c2} = \frac{1}{2}(P_E - P_o) = \frac{1}{2}(5.01 - 3.54) = 0.735 \text{ W}$$

(4) 每个输出管可能产生的最大管耗：

利用

$$P_{cmax} \approx 0.2 P_{omax}$$

得

$$P_{cmax} = 0.2 \times \frac{1}{2} \frac{\left(\frac{1}{2}U_{CC}\right)^2}{R_L} = 0.2 \times \frac{1}{2} \frac{18^2}{35} = 0.926 \text{ W}$$

（5）输出级的效率

$$\eta = \frac{P_o}{P_E} = \frac{3.54}{5.01} \approx 71\%$$

9．如负载电阻 $R_L = 16$ Ω，要求最大输出功率 $P_{omax} = 5$ W，若采用 OCL 功率放大电路，设输出级三极管的饱和管压降 $U_{ces} = 2$ V，则电源电压 U_{CC}、U_{EE} 应选多大（设 $U_{CC} = U_{EE}$）？若改用 OTL 为功率输出级，其它条件不变，则 U_{CC} 又应选多大？

解：

$$P_{omax} = \frac{1}{2} \frac{(U_{CC} - U_{ces})^2}{R_L}$$

$$(U_{CC} - U_{ces})^2 = 2R_L P_{omax} = 160$$

$$U_{CC} - U_{ces} \approx 12.6 \text{ V}$$

$$U_{CC} = 12.6 + U_{ces} \approx 15 \text{ V}$$

如改为 OTL 电路，则 $U_{CC} = 30$ V。

10．电路如图 9 – 11 所示。

（1）设 V_3、V_4 的饱和管压降 $U_{ces} = 1$ V，求最大输出功率 $P_{omax} = ?$

（2）为了提高负载能力，减小非线性失真，应引入什么类型的级间负反馈，并在图上画出来。

（3）如要求引入负反馈后的电压放大倍数 $A_{uf} = \left| \frac{U_o}{U_i} \right| = 100$，反馈电阻 R_f 应为多大？

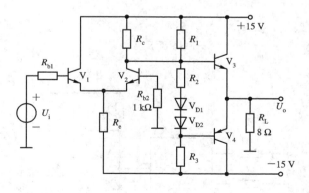

图 9 – 11　题 10 图

解：

（1）
$$P_{omax} = \frac{1}{2} \frac{(U_{CC} - U_{ces})^2}{R_L}$$

$$= \frac{1}{2} \frac{(15-1)^2}{8} = \frac{(14)^2}{16} = 12.25 \text{ W}$$

（2）要提高负载能力，即要求输出电阻要小，所以应引入电压负反馈。对该电路只能引入串联电压负反馈，从 V_3 发射极至 V_2 基极接反馈电阻 R_f。

（3）对于串联负反馈，通过 $U_i \approx U_f$ 关系求得

$$A_{uf} = 1 + \frac{R_f}{R_b} = 100$$

$$\frac{R_f}{R_b} = 99$$

$$R_f = 99 R_b = 99 \text{ k}\Omega$$

11. 某人设计一个 OTL 功放电路如图 9-12 所示。

（1）为实现输出最大幅值正负对称，静态时 A 点电位应为多大？若不合适，应调节哪一个元件？

（2）若 U_{ces3} 和 U_{ces5} 的值为 3 V，电路的最大不失真输出功率 $P_{omax} = ?$ 效率 $\eta = ?$

（3）三极管 V_3、V_5 的 P_{CM}、BU_{CEO} 和 I_{CM} 应如何选择？

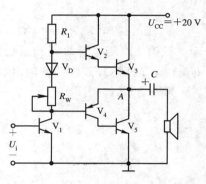

图 9-12 题 11 图

解：（1）A 点电位应为 $\frac{1}{2}U_{CC} = 10$ V，若不合适，可调节 R_1。

（2）

$$P_{omax} = \frac{1}{2} \frac{\left(\frac{1}{2}U_{CC} - U_{ces}\right)^2}{R_L} = \frac{1}{2} \frac{(10-3)^2}{8} \approx 3 \text{ W}$$

$$\eta = \frac{\pi}{4}\xi = \frac{\pi}{4} \frac{U_{CC} - U_{ces}}{\frac{1}{2}U_{CC}} = \frac{3.14}{4} \times \frac{7}{10} \approx 55 \text{ \%}$$

（3）

$$P_{CM} \geq 0.2 P_{omax} = 0.6 \text{ W}$$

$$BU_{ceo} \geq U_{CC} = 20 \text{ V}$$

$$I_{CM} \geq \frac{\frac{1}{2}U_{CC} - U_{ces}}{R_L} = \frac{7}{8} = 0.875 \text{ A}$$

12. 电路如图 9-13 所示，此为一扩大机的简化电路。

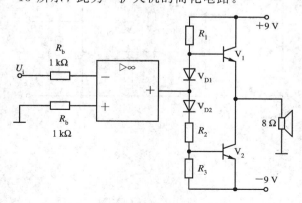

图 9-13 题 12 图

（1）为了实现互补对称功率放大电路，V_1 和 V_2 应分别是什么类型的三极管（PNP、NPN）？在图中画出发射极箭头的方向。

（2）若运放的输出电压幅度足够大，是否有可能在输出端得到 8 W 的交流输出功率？设 V_1 和 V_2 的饱和压降 U_{ces} 均为 1 V。

（3）若运放的最大输出电流为 ± 10 mA，则为了要得到最大输出电流，V_1 和 V_2 的 β 值应不低于什么数值？

（4）为了提高输入电阻，降低输出电阻并使放大性能稳定，应如何通过 R_f 引入何种类型的负反馈？并在图上画出来。

（5）在（4）的情况下，如要求 $U_i = 100$ mV 时 $U_o = 5$ V，$R_f = ?$

解：（1）V_1 是 NPN 管，V_2 是 PNP 管，按 OCL 组成原理，V_1、V_2 与 R_L 均组成射极跟随器，所以，V_1、V_2 管的射极与 R_L 相连。V_1 射极箭头向外，V_2 射极箭头向里。

（2）
$$P_{omax} = \frac{1}{2} \frac{(U_{CC} - U_{ces})^2}{R_L} = \frac{1}{2} \frac{8^2}{8} = 4 \text{ W}$$

（3）
$$I_{omax} = \frac{U_{CC} - U_{ces}}{R_L} = \frac{8}{8} = 1 \text{ A}$$

$$\beta \approx \frac{I_{omax}}{I_B} = \frac{1000}{10} = 100$$

一般需通过复合管实现 $\beta = 100$。

（4）为了提高输入电阻，应引入串联电压负反馈，从输出端通过反馈电阻 R_f 接至运放的反向输入端。

（5）因为
$$A_{uf} = \frac{U_o}{U_i} = \frac{5}{0.1} = 50$$

又
$$A_{uf} = \left(1 + \frac{R_f}{R_b}\right)$$

故
$$\frac{R_f}{R_b} = A_{uf} - 1 = 49$$

$$R_f = 49 R_b = 49 \text{ k}\Omega$$

第十章　直　流　电　源

电子设备必须要有直流电源供电。一般直流电源是通过市电 220 V 交流电转换而来的。直流电源一般包含变压器和整流、滤波、稳压这几部分电路。

本章主要介绍整流、滤波、稳压电路的工作原理及相应指标的计算。

读者通过本章的学习应该做到：

(1) 掌握整流原理及输出电压 U_O 的计算；

(2) 了解滤波原理；

(3) 掌握稳压原理及输出电压的计算。

10.1　本　章　小　结

10.1.1　单相整流电路

本节应搞清以下几个问题：

(1) 明确单相半波整流的工作原理和波形关系，熟悉以下关系：

输出直流电压

$$U_O \approx 0.45U_2$$

其中 U_O 为输出直流电压，U_2 为变压器次级输出电压的有效值。

流过二极管的电流等于输出电流，即

$$I_D = I_O = 0.45\frac{U_2}{R_L}$$

所以选管时，管子的最大整流电流

$$I_F > I_O$$

管子的击穿电压

$$U_R \geqslant \sqrt{2}U_2$$

(2) 明确桥式整流的工作原理和波形关系，熟悉以下关系：

$$U_O \approx 0.9U_2$$

$$I_F > \frac{1}{2}I_O$$

$$U_R \geqslant \sqrt{2}U_2$$

(3) 理解全波整流的工作原理和波形关系。

10.1.2 滤波电路

本小节主要要求读者掌握电容滤波的原理(利用充放电原理),熟悉波形关系以及如下关系:

$$U_O = 1.2U_2$$

并了解各种滤波电路的特点。

10.1.3 倍压整流

学生应了解倍压整流的工作原理。

10.1.4 稳压电路

这部分要求读者着重掌握以下几个方面。

1) 硅稳压管稳压电路

利用二极管反向击穿特性,其电流变化时管压降基本不变的特点,组成稳压电路。

要保证其稳压特性,稳压管的电流 I_z 应满足以下关系:

$$I_{zmax} \geqslant I_z \geqslant I_{zmin}$$

此处 I_{zmin} 就是稳压管的稳压电流;I_{zmax} 受管子功耗的限制,超过 I_{zmax},管子将烧坏。硅稳压电路的限流电阻 R 就是通过上述关系来确定的。

流过 V_{Dz} 电流的最小情况为

$$\frac{U_{Imin} - U_z}{R} - I_{Lmax} > I_{zmin}$$

流过 V_{Dz} 电流的最大情况为

$$\frac{U_{Imax} - U_z}{R} - I_{Lmin} < I_{zmax}$$

其中 U_{Imin} 和 U_{Imax} 是指电网电压变化时引起整流滤波输出的最大值和最小值。I_{Lmax} 和 I_{Lmin} 是负载电流的最大值和最小值。一般负载开路时负载电流 $I_{Lmin} = 0$。

I_{zmin} 由管子稳定电流给出,I_{zmax} 通过管子功耗 P_z 求出,即

$$I_{zmax} = \frac{P_z}{U_z}$$

U_z 为稳压管的稳压值。

2) 串联型稳压电路

由于硅稳压管电路存在输出电压 U_O 不可调,带负载能力较差,且负载电流允许变化范围小等缺陷,因此一般多采用串联型稳压电路。

读者应着重掌握下列几点:

(1) 串联型稳压电路的组成。电路如图 10-1 所示。

· 取样网络:由电阻 R_1、R_2 和电位器 R_W 组成的分压器,任务是取出输出电压的变化量。

· 基准电压:由电阻 R_z 和稳压管 V_{Dz} 组成硅稳压器,它向比较放大级提供一个基准电压。

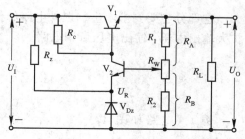

图 10-1 串联稳压电路

• 比较放大器:由 R_c 和放大管 V_2 组成(也可由差动放大电路和运算放大器组成,参阅教材相应内容,其任务是放大取样网络取出的输出电压与基准电压的差值,并用放大的量去控制调整元件。

• 调整元件:由调整管 V_1 和负载电阻 R_L 组成的射极输出器,其调整管必须工作在放大区,才能起调整稳压作用。为此要求 $U_{CE1} = U_I - U_O > 3$ V。

(2)稳压原理。如果由于外界因素的变化引起输出电压 U_O 增加,则放大器放大管的基极电压

$$U_B = \frac{R_B}{R_A + R_B} U_O$$

也上升;由于基准电压 $U_R = U_z$ 不变,因而放大器的净输入 $U_{BE}(=U_B - U_E)$ 上升;根据放大电路的相位关系,则 U_{C2} 下降,即 U_{B1} 下降;V_1 是射极输出器,所以 U_{E1} 即输出直流电压 U_O 也下降,稳定了输出电压值。由上述过程可见,串联型稳压电路稳压原理的实质,是利用电压串联负反馈来维持输出电压基本不变。

(3)输出电压 U_O 的调节范围。通过放大电路输入端 U_B 求出 U_O。由取样网络得

$$U_B = \frac{R_2 + R_w'}{R_1 + R_2 + R_w} U_O$$

又由基准电路得

$$U_B = U_{BE} + U_z$$

由二者相等得

$$\frac{R_2 + R_w'}{R_1 + R_2 + R_w} U_O = U_{BE} + U_z$$

故

$$U_O = \frac{R_1 + R_2 + R_w}{R_2 + R_w'}(U_{BE} + U_z)$$

可见,调节 R_w 即可调节输出电压。

R_w 调至最下方时

$$U_{Omax} = \frac{R_1 + R_2 + R_w}{R_2}(U_{BE} + U_z)$$

R_w 调至最上方时

$$U_{Omin} = \frac{R_1 + R_2 + R_w}{R_2 + R_w}(U_{BE} + U_z)$$

(4)调整管的选管原则(见教材相应内容)。

10.1.5 集成稳压电路

这部分主要要求学生掌握外电路的作用:输入端、输出端电容的作用;扩大输出电流,扩大输出电压,输出电压可调电路。

10.2 典型题举例

例 1 电路如图 10-2 所示,求出各电路的输出直流电压 U_O。其中电容均满足 $R_L C \geqslant (3 \sim 5) \dfrac{T}{2}$。

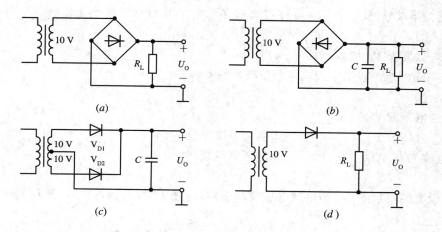

图 10 - 2　例 1 图

解：

图(a)　　　　　　　　　$U_O = 0.9 U_2 = 9\ V$

图(b)　　　　　　　　　$U_O = 1.2 U_2 = -12\ V$

图(c)　　　　　　　　　$U_O = 1.4 U_2 = 14\ V$

图(d)　　　　　　　　　$U_O = 0.45 U_2 = 4.5\ V$

题型变换一： 电路如图 10 - 2(b)，为使 $U_O = 24\ V$，电路应作哪些变换？变压器次级绕组输出电压 U_2 等于多大？

答： 桥式整流的二极管均应反向，滤波电容极性也应反过来。

因为

$$U_O = 1.2 U_2$$

所以　　　　　　　　　　$$U_2 = \frac{U_O}{1.2} = \frac{24}{1.2} = 20\ V$$

题型变换二： 电路如图 10 - 2(b)所示，$U_O = -14\ V$，则可断定该电路_____。

① 桥式整流二极管有一个开路

② C 开路　　　③ R_L 开路　　　④ R_L 短路

答案： ③

这类题目还可作其它变动，如某个二极管开路，$U_O = ?$；如电容开路，$U_O = ?$。读者应通过例题学习解题的方法、思路，并能举一反三。

例 2　分析图 10 - 3，就下面 7 问分别选择正确答案填空。

(1) 设 $U_2 = 10\ V$，则 U_I 为_____。

① 4.5 V　　　② 9 V　　　③ 12 V　　　④ 14 V

答案： ③

(2) 若电容虚焊，则 U_I 为_____。

① 4.5 V　　　② 9 V　　　③ 12 V　　　④ 14 V

答案： ②

(3) 若二极管 V_{D2} 接反，则_____。

① 变压器有半周被短路，会引起元器件损坏

② 变为半波整流　　　③ 电容 C 将击穿　　　④ 稳压管过流烧坏

答案：①

(4) 若二极管 V_{D2} 脱焊，则_____。

从上一问的四个答案中选取一个正确的答案。

答案：②

(5) 若电阻 R 短路，则_____。

① U_O 升高　　　　　　　② 变为半波整流

③ 电容 C 将击穿　　　　④ 稳压管将损坏

答案：④

(6) 设电路正常工作，当电网电压波动而使 U_2 增大时（负载不变），则 I_R 将_____，I_z 将_____。

① 增大　　　② 减小　　　③ 基本不变　　　④ 无法确定

答案：两者均为①

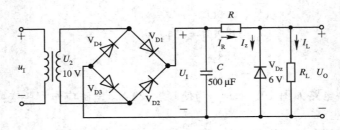

图 10 - 3　例 2 图

(7) 设电路正常工作，当负载电流 I_L 增大时（电网电压不变），I_R 将_____，I_z 将_____。

① 增大　　　　　② 减小　　　　　③ 基本不变

答案：③；②

例 3　在图 10 - 4 所示电路中，设 $U_{BE2} = 0.7$ V，稳压管的稳压值 $U_z = 6.3$ V。

(1) 若要求 U_O 的调节范围为 10 V～20 V，已选 $R_2 = 350\ \Omega$，则电阻 R_1 及电位器 R_W 应选多大？

(2) 若要求调整管压降 $U_{CE1} \geqslant 4$ V，则变压器次级电压 U_2 至少应多大？设滤波电容 C 足够大。

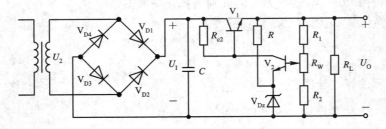

图 10 - 4　例 3 图

解:

(1)
$$\frac{R_1+R_2+R_{\mathrm{w}}}{R_2}(6.3+0.7)=20\ \mathrm{V}$$
$$(R_1+R_{\mathrm{w}})7=13R_2$$

将 $R_2=350\ \Omega$ 代入上式得

$$R_1+R_{\mathrm{w}}=650\ \Omega \qquad\qquad ①$$

$$\frac{R_1+R_2+R_{\mathrm{w}}}{R_2+R_{\mathrm{w}}}(6.3+0.7)=10$$

$$7R_1=3(R_2+R_{\mathrm{w}})$$

将 $R_2=350\ \Omega$ 代入上式得

$$R_1=150\Omega+\frac{3R_{\mathrm{w}}}{7} \qquad\qquad ②$$

将②式代入①式中得

$$150+\frac{3R_{\mathrm{w}}}{7}+R_{\mathrm{w}}=650$$

$$R_{\mathrm{w}}=350\ \Omega$$

则
$$R_1=300\ \Omega$$

(2)
$$U_{\mathrm{I}}=U_{\mathrm{O}}+U_{\mathrm{CE1}}$$

要求 $U_{\mathrm{O}}=U_{\mathrm{Omax}}$ 时，U_{CE1} 仍能大于 4 V，故

$$U_{\mathrm{I}}=20+4=24\ \mathrm{V}$$

$$U_2=\frac{U_{\mathrm{I}}}{1.2}=\frac{24}{1.2}=20\ \mathrm{V}$$

例 4 图 10-5 为一三端集成稳压器组成的直流稳压电路，试说明各元器件的作用，并指出电路在正常工作时的输出电压值。

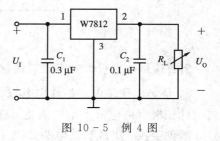

图 10-5 例 4 图

答： 电容 C_1 是用来抵消输入线较长时所产生的电感效应的；电容 C_2 是为了抑制高频噪声，改善输出瞬态响应的。该电路输出电压由 W7812 型号决定为 +12 V。

例 5 电路如图 10-5 所示，若输入 $U_{\mathrm{I}}=15$ V，负载 $R_{\mathrm{L}}=500\ \Omega$，求三端稳压器消耗的功率至少是多少。

答： 三端稳压器所承受的电压为

$$U_{\mathrm{CE}}=U_{\mathrm{I}}-U_{\mathrm{O}}=15-12=3\ \mathrm{V}$$

流过三端稳压器的电流为

$$I_{\mathrm{L}}=\frac{U_{\mathrm{O}}}{R_{\mathrm{L}}}=\frac{12}{0.5}=24\ \mathrm{mA}$$

故三端稳压器的功率损耗为

$$P=I_{\mathrm{L}}\cdot U_{\mathrm{CE}}=3\times24=72\ \mathrm{mW}$$

例 6 串联型三端稳压器电路如图 10-6 所示。忽略 I_{w} 的情况下，求输出直流电压的大小。

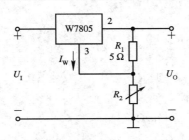

图 10 - 6　例 6 图

解：该电路就是一个扩大输出电压的电路。电阻 R_1 两端电压就是集成稳压块的稳压值，此处为 $+5$ V。则输出电压为

$$U_O = 5\ \text{V} + \frac{5}{R_1} \times R_2 + I_W R_2$$

一般 I_W 较小，可忽略不计，所以当 $R_2 = 5\ \Omega$ 时，

$$U_O \approx \left(1 + \frac{R_2}{R_1}\right)5\ \text{V} = 10\ \text{V}$$

显然，如果改变 R_2 的值，则可改变输出电压的值。

例 7　电路如图 10 - 7 所示，说明三极管 V 的作用。

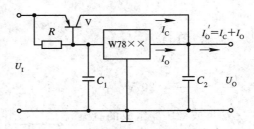

图 10 - 7　例 7 图

答：这是一个扩大输出电流的电路，V_1 的作用就是扩大输出电流。

I_O 是集成稳压电路的输出电流，I_C 是三极管的电流，则输出电流 $I_O' = I_O + I_C$。根据需要设计三极管的电流 I_C，以满足 I_O 的需要。

题型变换：集成稳压电路如图 10 - 7 所示，三极管 V 的作用是_____。

① 扩大输出电压

② 滤波作用，使输出电压更平滑

③ 扩大输出电流

④ 使输出电压可调

答案：③

10.3　思考题和习题解答

1. 直流电源通常由哪几部分组成？各部分的作用是什么？

答：直流电源通常由如下几部分组成：

(1) 变压器。将市电 220 V 电压变换成所需要的交流电压。

（2）整流电路。将正弦交流电压变换成单方向的脉动电压。

（3）滤波器。其作用是将整流后的电压中的脉动成分（交流成分）滤掉，使输出电压成为比较平滑的直流电压。

（4）稳压电路。其作用是使输出的直流电压，在电网电压或负载电流发生变化时保持稳定。

2．分别列出单相半波、全波和桥式整流电路以下几项参数的表达式，并进行比较。

① 输出直流电压 U_O；

② 脉动系数 S；

③ 二极管正向平均电流 I_D；

④ 二极管最大反向峰值电压 U_{RM}。

答：（1）半波整流电路参数的计算：

输出电压　　　　　　　　　　$U_O = 0.45U_2$

脉动系数　　　　　　　　　　$S = 1.57$

二极管正向平均电流　　　　　$I_D = 0.45\dfrac{U_2}{R_L}$

选管时要求最大整流电流　　　$I_F \geqslant I_D$

二极管最大反向峰值电压　　　$U_{RM} = \sqrt{2}U_2$

选管时要求二极管的反向击穿电压（最大反向工作电压）$U_R \geqslant U_{RM}$。

（2）全波整流电路参数的计算：

$$U_O = 0.9U_2$$

$$I_O = 0.9\frac{U_2}{R_L}$$

$$S = 0.67$$

$$I_F \geqslant I_D = \frac{1}{2}I_O$$

$$U_R \geqslant 2\sqrt{2}U_2$$

（3）桥式整流电路参数的计算

$$U_O = 0.9U_2$$

$$I_O = 0.9\frac{U_2}{R_L}$$

$$I_D = \frac{1}{2}I_O$$

$$S = 0.67$$

$$I_F \geqslant \frac{1}{2}I_O$$

$$U_R \geqslant \sqrt{2}U_2$$

上述三种电路相比较如下：

① 全波和桥式电路利用率高。

② 全波和桥式电路中流过管子的电流是负载电流的一半。

③ 全波和桥式电路的脉动系数相同，且小些。

④ 半波、桥式电路的管子承受的反向电压均一样，为 $\sqrt{2}U_2$，而全波电路为 $2\sqrt{2}U_2$。

3. 电容和电感为什么能起滤波作用？它们在滤波电路中应如何与 R_2 相连？

答：电容和电感对不同频率成分的电抗不同，电容对直流呈现开路，电感对直流呈现短路。连接时，电容与 R_L 并联，电感与 R_L 串联。

4. 画出半波整流电容滤波的电路图和波形图，说明滤波原理，以及当电容 C 和负载电阻 R_L 变化时对直流输出电压 U_O 和脉动系数 S 有何影响。

答：电路和波形图如图 10 - 8 所示。

当 $R_L \cdot C$ 增大时，输出电压 U_O 增大，脉动系数 S 减小；反之，则 U_O 减小，S 增大。

$R_L \cdot C$ 增大的波形如图 10 - 8(b) 中虚线所示。

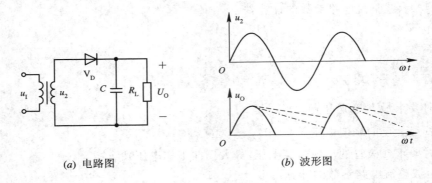

(a) 电路图　　　　　　　　　(b) 波形图

图 10 - 8　题 4 图

5. 串联型稳压电路主要由哪几部分组成？它实质上依靠什么原理来稳压？

答：串联型稳压电路包含如下几个部分：取样网络；基准电压；比较放大；调整元件。(有时还有保护电路和辅助电源)

串联稳压电路实质上就是串联电压负反馈电路，而电压负反馈是稳定输出电压的。

6. 在串联型直流稳压电路中，为什么采用辅助电源？为什么采用差动放大电路或运放作为比较放大电路？

答：采用辅助电源后，避免了输入电压 U_I 的变化经过放大管负载电阻直接传递到调整管的基极，进一步减小了电网波动对输出电压的影响。此时放大电路的集电极电源电压为 $U_Z + U_O$，由于二者均稳定，故比较、放大环节不受 U_I 的影响，因此更进一步改善了稳压效果。

采用差动放大电路或运放，其作用是抑制放大环节的温度漂移，提高稳压电路的温度稳定性。

7. 串联型稳压电路为何采用复合管作为调整管？为了提高温度稳定性，组成复合管采取了什么措施？

答：当要求负载电流较大时，调整管的基极电流也很大，它是靠放大级来推动的。为减轻放大电路的负担，采用复合管电路，如图 10 - 9 所示。但这样的电路温度稳定性差，当负载电流较小时，两管的穿透电流将对电路影响较大。I'_{CEO1} 通过 V_1 放大，此时输出电流 I' 由下式表示：

$$I' = I_{CEO1} + (1 + \beta_1) I'_{CEO1}$$

显然温度增加，I'增加，使调整管功耗也增加；温度进一步增加，使管子温度特性变坏。为此，在 V_1 基极与地之间接电阻 R'，使其对 I'_{CEO1} 分流一部分，减小 I'。显然，R' 愈小，效果愈明显，但 R' 小又会使稳压电路的稳压性能受到影响。所以，R' 应选择适中。

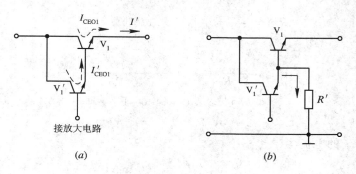

图 10 - 9　题 7 图

8. 过电流保护电路有哪两种类型？它们的工作原理是什么？有何异同点？

答：有限流型和截流型两类。

（1）限流型：当负载电流较大，超过所规定值时，保护电路发生作用，对调整管基极电流分流一部分，使调整管电流下降，以限制调整管电流不至太大。但当输出短路时，调整管所承受的电压最大，其值可达 U_{Imax}，同时流过调整管的电流也最大，所以管耗最大。如果按此情况选管，势必要求其容量的额定值比正常情况大好几倍，这样做不经济。

（2）截流型：当电流超过某一数值后，保护电路发生作用，调整管处于截止状态，输出电流即流过调整管电流 $I_O \approx 0$，所以管耗小，可达到保护电路的目的。

9. 桥式整流电路如图 10 - 10 所示，要求输出直流电压 U_O 为 25 V，输出直流电流为 200 mA。试问：

（1）输出电压是正压还是负压？电解电容 C 的极性如何连接？

（2）变压器次级绕组输出电压 u_2 的有效值为多大？

（3）电容 C 至少应选多大数值？

（4）整流管的最大平均整流电流和最高反向电压如何选择？

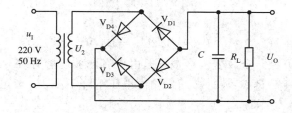

图 10 - 10　题 9 图

解：（1）输出为负压，电解电容 C 的极性为上负下正。

（2）按电容滤波的关系 $U_O = 1.2 U_2$，可得

$$U_2 = \frac{U_O}{1.2} \approx 20.1 \text{ V}$$

（3）按下式选择电容：

$$R_{\mathrm{L}}C \geqslant (3 \sim 5)\frac{T}{2}$$

其中
$$T = \frac{1}{f} = \frac{1}{50} = 20 \text{ ms}$$

$$R_{\mathrm{L}} = \frac{U_{\mathrm{O}}}{I_{\mathrm{O}}} = \frac{25}{200} = 0.125 \text{ k}\Omega$$

所以
$$C \geqslant \frac{(3 \sim 5)\dfrac{T}{2}}{R_{\mathrm{L}}} = \frac{(3 \sim 5) \times 10 \times 10^{-3}}{0.125 \times 10^{3}}$$

得
$$C \geqslant 240 \sim 400 \ \mu\mathrm{F}$$

即取 $C \geqslant 240 \ \mu\mathrm{F}$。

（4）流过管子的电流为

$$I_{\mathrm{D}} = \frac{1}{2}I_{\mathrm{O}} = 100 \text{ mA}$$

管子最大反向电压为

$$U_{\mathrm{RM}} = \sqrt{2}U_2 \approx 28 \text{ V}$$

10. 桥式整流电路如图 10 - 11 所示，$U_2 = 20$ V(有效值)，$R_{\mathrm{L}} = 40 \ \Omega$，$C = 1000 \ \mu\mathrm{F}$，试问：

（1）正常时，直流输出电压 $U_{\mathrm{O}} = ?$

（2）如果电路中有一个二极管开路，U_{O} 是否为正常值的一半？

（3）测得直流输出电压 U_{O} 为下列数值时，可能是出了什么故障？

$(a)\ U_{\mathrm{O}} = 18$ V　　　　$(b)\ U_{\mathrm{O}} = 28$ V　　　　$(c)\ U_{\mathrm{O}} = 9$ V

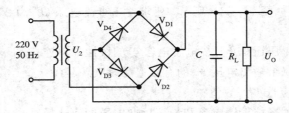

图 10 - 11　题 10 图

解：（1）正常时，

$$U_{\mathrm{O}} = 1.2U_2 = 24 \text{ V}$$

（2）一个二极管开路，全波变为半波，但由于有滤波电容存在，因此输出电压不会降至全波滤波的一半。只要 $R_{\mathrm{L}}C \geqslant (3 \sim 5)T$，输出电压下降不多，一般可按 $U_{\mathrm{O}} = 1.1U_2$ 估算。对此题

$$40 \times 1000 \times 10^{-6} = 40 \text{ ms} < (3 \sim 5)20 \text{ ms}$$

所以，输出电压下降较多，但不会是 12 V，也不能用 $U_{\mathrm{O}} = U_2$ 估算。

（3）$(a)\ U_{\mathrm{O}} = 18$ V，说明电容开路，滤波不起作用，实际就是桥式整流。$U_{\mathrm{O}} = 0.9U_2$。

$(b)\ U_{\mathrm{O}} = 28$ V，说明负载 R_{L} 开路。

$(c)\ U_{\mathrm{O}} = 9$ V，说明其中有一个二极管开路和电容开路，成为半波整流电路，$U_{\mathrm{O}} =$

$0.45U_2$。

11. 试分析在下列几种情况下，应该选用哪一种滤波电路比较合适。

(1) 负载电阻为 $1\ \Omega$，电流为 $10\ A$，要求 $S=10\%$；

(2) 负载电阻为 $1\ k\Omega$，电流为 $10\ mA$，要求 $S=0.1\%$；

(3) 负载电阻从 $20\ \Omega$ 变到 $100\ \Omega$，要求 $S=1\%$，且输出电压 U_O 变化不超过 20%；

(4) 负载电阻为 $100\ \Omega$ 可调，电流从 $0\ A$ 变到 $1\ A$，要求 $S=1\%$，且希望 U_2 尽可能低。

解：根据各种滤波器的特点，可按下述规律去选择：

(1) 属于大电流，且输出电流是固定的，应选用电感滤波。

(2) 属于小电流，且脉动系数较小，可选用 $RC-\pi$ 型滤波，或 $LC-\pi$ 型滤波。

(3) 负载电阻变化较大，对 S 的要求一般，可选用 $LC-\pi$ 型滤波，或 LC 滤波。

(4) 负载电阻可调，电流变化大，且数值也较大，可选用 LC 滤波。

12. 在稳压管稳压电路中，如果已知负载电阻的变化范围，如何确定限流电阻？如果已知限流电阻的数值，如何确定负载电阻允许变化的范围？

答：实际均是由保证流过稳压管的电流满足下述关系去确定限流电阻或负载电阻的。

$$I_{zmin} \leqslant I_z \leqslant I_{zmax}$$

即

$$\frac{U_I-U_z}{R} - \frac{U_z}{R_{Lmin}} \geqslant I_{zmin}$$

$$\frac{U_I-U_z}{R} - \frac{U_z}{R_{Lmax}} \leqslant I_{zmax}$$

13. 稳压管稳压电路如图 10-12 所示，如果稳压管选用 2DW7B，已知其稳定电压 $U_z=6\ V$，$I_{zmax}=30\ mA$，$I_{zmin}=10\ mA$，而且选定限流电阻 $R=200\ \Omega$。

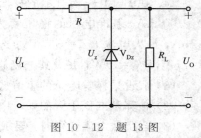

图 10-12 题 13 图

(1) 假设负载电流 $I_L=15\ mA$，则允许输入直流电压(即整流滤波电路的输出直流电压) U_I 的变化范围为多大，才能保证稳压电路正常工作？

(2) 假设给定输入直流电压 $U_I=13\ V$，则允许负载电流 I_L 的变化范围为多大？

(3) 如果负载电流也在一定范围内变化，设 $I_L=10\sim20\ mA$，此时输入直流电压 U_I 的最大允许变化范围为多大？

解：

(1)

$$\frac{U_{Imin}-U_z}{R} - 15\ mA \geqslant I_{zmin} = 10\ mA$$

$$U_{Imin} - U_z \geqslant 25 \times 0.2 = 5\ V$$

所以

$$U_{Imin} \geqslant 5 + 6 = 11\ V$$

又

$$\frac{U_{Imax}-U_z}{R} - 15\ mA \leqslant 30\ mA$$

$$U_{Imax} - U_z \leqslant 45 \times 0.2 = 9\ V$$

所以

$$U_{Imax} \leqslant 15\ V$$

即

$$11\ V \leqslant U_I \leqslant 15\ V$$

（2）
$$\frac{13-6}{0.2}-I_{\text{Lmax}}\geqslant 10\ \text{mA}$$

$$I_{\text{Lmax}}\leqslant 25\ \text{mA}$$

$$\frac{13-6}{0.2}-I_{\text{Lmin}}\leqslant 30\ \text{mA}$$

$$I_{\text{Lmin}}\geqslant 15\ \text{mA}$$

所以
$$15\ \text{mA}\leqslant I_{\text{L}}\leqslant 25\ \text{mA}$$

（3）流过 V_{Dz} 的最大电流情况：

$$\frac{U_{\text{Imax}}-U_z}{R}-I_{\text{Lmin}}\leqslant I_{z\text{max}}=30\ \text{mA}$$

$$U_{\text{Imax}}-U_z=(I_{\text{Lmin}}+30)R$$

$$U_{\text{Imax}}=(10+30)\times 0.2+6=14\ \text{V}$$

流过 V_{Dz} 的最小电流情况：

$$\frac{U_{\text{Imin}}-U_z}{R}-I_{\text{Lmax}}\geqslant I_{z\text{min}}=10\ \text{mA}$$

$$U_{\text{Imin}}-U_z=(I_{\text{Lmax}}+10)R+U_z$$

$$U_{\text{Imin}}=(20+10)\times 0.2+6=12\ \text{V}$$

所以

$$12\ \text{V}\leqslant U_{\text{I}}\leqslant 14\ \text{V}$$

14. 在图 10-13 所示的稳压电路中，要求输出电压 $U_{\text{O}}=10\sim 15\ \text{V}$，负载电流 $I_{\text{L}}=0\sim 100\ \text{mA}$。基准电压的稳压管为 2CW1，已知其稳定电压 $U_{z1}=7\ \text{V}$，最小电流 $I_{z\text{min}}=5\ \text{mA}$，最大电流 $I_{z\text{max}}=33\ \text{mA}$。选定调整管为 3DD2C，其主要参数为：$I_{\text{CM}}=0.5\ \text{A}$，$BU_{\text{CEO}}=45\ \text{V}$，$P_{\text{CM}}=3\ \text{W}$，并设其电流放大系数 $\beta_1=20$，辅助电源电压 $U_{z2}=9\ \text{V}$。

（1）假设采样电阻总的阻值选定为 2 kΩ 左右，则 R_1、R_2 和 R_3 三个电阻分别为多大？

（2）估算基准稳压管的限流电阻 R 的阻值。

（3）当负载电流变化时，要求放大管的集电极电流 I_{C2} 任何时候都不小于 0.5 mA，则集电极电阻 R_{C2} 应选多大？

（4）估算电源变压器次级电压的有效值 U_2。

（5）验算稳压电路中的调整管是否安全。

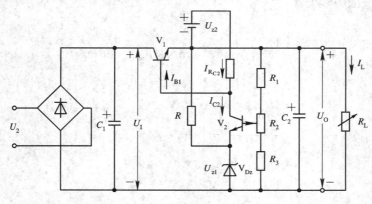

图 10-13 题 14 图

解：(1) 由输出电压调节范围的计算公式，可求 R_1、R_2 和 R_3。

$$U_{\text{Omin}} = \frac{R_1 + R_2 + R_3}{R_2 + R_3}(U_{\text{BE2}} + U_z) = 10 \text{ V}$$

$$R_2 + R_3 = \frac{R_1 + R_2 + R_3}{U_{\text{Omin}}}(U_{\text{BE2}} + U_z)$$

$$= \frac{2000 \times 7.7}{10} = 1540 \text{ } \Omega$$

则

$$R_1 = 2000 - 1540 = 460 \text{ } \Omega$$

$$U_{\text{Omax}} = \frac{R_1 + R_2 + R_3}{R_2}(U_{\text{BE2}} + U_z) = 15 \text{ V}$$

$$R_3 = \frac{R_1 + R_2 + R_3}{U_{\text{Omax}}}(U_{\text{BE2}} + U_z)$$

$$= \frac{2000 \times 7.7}{15} = 1.03 \text{ k}\Omega$$

选 $R_3 = 1$ kΩ，则 $R_2 = 1.54 - 1 = 0.54$ k$\Omega = 540$ Ω；选 $R_2 = 560$ Ω，则 $R_1 = 2 - 1 - 0.56 = 0.44$ kΩ，取 $R_1 = 430$ Ω。

(2) 这就是硅二极管稳压电路的设计

$$\frac{U'_{\text{Imax}} - U_{z1}}{R} - I'_{\text{Lmin}} \leqslant I_{z\text{max}} \qquad ①$$

$$\frac{U'_{\text{Imin}} - U_{z1}}{R} - I'_{\text{Lmax}} \geqslant I_{z\text{min}} \qquad ②$$

此处，I'_L 是基准电压的负载电流。先得确定 I'_{Lmin} 和 I'_{Lmax}。对基准电压而言，$I'_L = I_{\text{E2}} \approx I_{\text{C2}}$，由题(3)已知 I_{C2} 不得小于 0.5 mA，即 $I_{\text{C2min}} = 0.5$ mA。又 $I_{R_{\text{C2}}} = I_{\text{B1}} + I_{\text{C2}}$，而 I_{B1} 由 I_{C1} 确定，$I_{\text{C1}} \approx I_L$，而 I_L 是变化的，其范围为 0~100 mA，当 $I_{R_{\text{C2}}}$ 固定时，$I_L = 100$ mA，则 $I_{\text{B1}} = \dfrac{I_{\text{C1}}}{\beta_1}$ $= \dfrac{100}{20} = 5$ mA，此为最大值。此时，也得保证 $I_{\text{C2}} = 0.5$ mA，即 $I_{R_{\text{C2}}}$ 至少应为 5.5 mA。当 $I_L = 0$ mA 时，I_{C1} 也近似为 0 mA，即 $I_{\text{B1}} = 0$ mA，此时 $I_{\text{C2}} = I_{R_{\text{C2}}} = 5.5$ mA。所以 $I_{\text{E2min}} = 0.5$ mA，$I_{\text{E2max}} = 5.5$ mA。

然后再确定基准电压的输入电压 U'_I。由此图可看出 $U'_I = U_O$，则 $U'_{\text{Imax}} = U_{\text{Omax}} = 15$ V，$U'_{\text{Imin}} = U_{\text{Omin}} = 10$ V。

最后，再由公式①、②确定电阻 R 的范围。由公式①得

$$\frac{15 - 7}{R} - 0.5 \leqslant 33$$

故

$$R \geqslant 239 \text{ } \Omega$$

由公式②得

$$\frac{10 - 7}{R} - 5.5 \geqslant 5$$

故

$$R \leqslant 286 \text{ } \Omega$$

所以

$$286 \text{ } \Omega \leqslant R \leqslant 239 \text{ } \Omega$$

选 $R=250\ \Omega$。

（3）前已求出

$$I_{R_{C2}} = I_{B1} + I_{C2}$$

负载电流最大时，$I_{R_{C2}} = \dfrac{I_{E1}}{\beta}+0.5 \approx \dfrac{100}{20}+0.5 = 5.5\ \text{mA}$，$R_{C2}$ 的确定原则是，在任何情况下均要满足 $I_{C2} \geqslant 0.5\ \text{mA}$，所以

$$R_{C2} \leqslant \frac{U_{z2}-U_{BE1}}{I_{R_{C2}}} = \frac{9-0.7}{5.5} = 1.5\ \text{k}\Omega$$

（4）$U_I = U_O + U_{CE1}$，而 U_{CE1} 的确定原则是要保证调整管工作在放大区，一般取 $U_{CE1} \geqslant 4\ \text{V}$ 即可，所以

$$U_I = U_{Omax} + U_{CE1} = 15 + 4 = 19\ \text{V}$$

$$U_2 = \frac{U_I}{1.2} = \frac{19}{1.2} = 15.8\ \text{V}$$

（5）根据稳压电路，确定调整管的主要指标应满足：

$$I_{CM} \geqslant I_{Lmax} = 100\ \text{mA}$$

$$BU_{CEO} \geqslant \sqrt{2}U_2 = 1.4 \times 15.8 = 22\ \text{V}$$

$$P_{CM} \geqslant (1.2U_2 - U_{Omin}) \times I_{E1max}$$

$$= (19-10) \times 0.1 = 0.9\ \text{W}$$

按 3DD2C 的参数 $I_{CM}=0.5\ \text{A}$，$BU_{CEO}=45\ \text{V}$，$P_{CM}=3\ \text{W}$，所以调整管符合安全要求。

（此题属于设计题，教学大纲中对此不作要求，这里做出来仅供参考。）

15. 电路如图 10-14 所示。

（1）估算 R_W 变化时 U_O 的变化范围，设 $U_{BE2}=0.7\ \text{V}$；

（2）如 V_1 的 $\beta_1=50$，$U_{BE1}=0.7\ \text{V}$，求能稳压的最大输出电流 $I_{E1}=$？

（3）设 $U_1=24\ \text{V}$，试论证 V_1 是否能够符合调整电压的要求。当 $I_{E1}=50\ \text{mA}$ 时，V_1 的最大耗散功率 P_{cmax} 出现在 R_W 的滑动端，处于什么位置（上端或下端）？它的数值是多少？

（4）如果电容 C_1 足够大，估算使 $U_1=24\ \text{V}$ 时所需要的变压器次级电压 U_2 是多少。

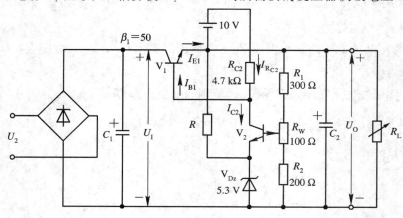

图 10-14　题 15 图

解：

(1)
$$U_{Omin} = \frac{R_1 + R_2 + R_w}{R_2 + R_w}(U_z + U_{BE2}) = \frac{600}{300} \times (5.3 + 0.7) = 12 \text{ V}$$

$$U_{Omax} = \frac{R_1 + R_2 + R_w}{R_2}(U_z + U_{BE2}) = \frac{600}{200} \times (5.3 + 0.7) = 18 \text{ V}$$

(2) I_{E1} 由 V_1 的 I_{B1} 推动，而 I_{B1} 通过放大级电阻 R_{C2} 的 $I_{R_{C2}}$ 提供。又

$$I_{R_{C2}} = I_{B1} + I_{C2}$$

极端情况 $I_{C2} = 0$ mA，所以，最大时，

$$I_{B1} = I_{R_{C2}}$$

$$I_{E1max} \approx \beta I_{B1} = \beta I_{R_{C2}}$$

其中

$$I_{R_{C2}} = \frac{10 - 0.7}{R_{C2}} = \frac{9.3}{4.7} \approx 2 \text{ mA}$$

故

$$I_{E1max} = 50 \times 2 = 100 \text{ mA}$$

（考虑到实际情况下 I_{C2} 不可能为 0 mA，因为此时放大管截止，稳压功能就消失了，所以，$I_{E1max} < 100$ mA。）

(3) 验证 $U_I = 24$ V 时，V_1 是否符合调整电压的要求，就是检验 V_1 是否始终工作在放大区。工作在放大区则符合调压要求，如有一段 V_1 截止或饱和，则 V_1 失去调压作用。当 $U_O = U_{Omax}$ 时，U_{CE1} 最小，最小时 V_1 仍工作在放大区，则符合要求。

$$U_{CE1} = U_I - U_{Omax} = 24 - 18 = 6 \text{ V}$$

故符合要求。

P_{Cmax} 显然与 R_w 的位置有关

$$P_C = I_C \cdot U_{CE1}$$

而
$$U_{CE1} = U_I - U_O$$

$$U_{CE1max} = U_I - U_{Omin} = 24 - 12 = 12 \text{ V}$$

故在 U_{Omin} 时电位器是调至最上端的，其值为

$$P_{Cmax} = I_C \cdot U_{CE1max} = 50 \times 12 = 600 \text{ mW}$$

(4)
$$U_2 = \frac{U_I}{1.2} = \frac{24}{1.2} = 20 \text{ V}$$

16. 电路如图 10 - 15 所示。

(1) 要使 R_w 的滑动端在最下端时 U_O 为 15 V，R_w 值应是多少？（设 $U_{BE3} = 0.7$ V）

(2) 当 R_w 的滑动端在最上端时，$U_O = ?$

(3) 当 $U_O = 15$ V，$R_L = 10$ Ω 时，要使各放大管和调整管工作正常，R_{C2} 应如何选？设 $U_{BE1} = U_{BE2} = 0.7$ V，$I_{C3} = 1.5$ mA。计算中可作合理近似。

(4) 当 $U_O = 15$ V，I_L 由 0 变到 1 A 时，要求流过稳压管的电流不小于 10 mA，R 应如何选？

解： (1) R_w 在最下端时，$U_O = U_{Omax} = 15$ V，则

$$15 \text{ V} = \frac{200 + 200 + R_w}{200} \times (5.3 + 0.7)$$

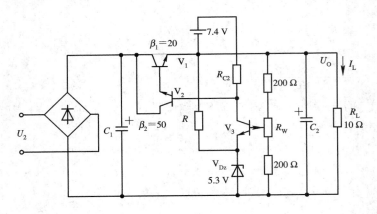

图 10 - 15　题 16 图

$$R_{\mathrm{W}} = \frac{15 \times 200}{6} - 400 = 100 \ \Omega$$

（2）R_{W} 在最上端时，$U_{\mathrm{O}} = U_{\mathrm{Omin}}$，则

$$U_{\mathrm{Omin}} = \frac{200 + 200 + 100}{200 + 100} \times 6 = 10 \ \mathrm{V}$$

（3）$R_{\mathrm{L}} = 10 \ \Omega$ 时，负载电流为

$$I_{\mathrm{Lmin}} = \frac{U_{\mathrm{Omin}}}{R_{\mathrm{L}}} = \frac{10}{10} = 1 \ \mathrm{A}$$

$$I_{\mathrm{Lmax}} = \frac{U_{\mathrm{Omax}}}{R_{\mathrm{L}}} = \frac{15}{10} = 1.5 \ \mathrm{A}$$

忽略取样网络和放大管的电流，则

$$I_{\mathrm{C1}} \approx I_{\mathrm{E1}} \approx I_{\mathrm{L}} = 1.5 \ \mathrm{A} \qquad （取 \ I_{\mathrm{Lmax}} \ 值）$$

$$I_{\mathrm{B2}} \approx \frac{I_{\mathrm{C1}}}{\beta_1 \beta_2} = \frac{1.5}{20 \times 50} = 1.5 \ \mathrm{mA}$$

$$I_{R_{\mathrm{C3}}} = I_{\mathrm{B2}} + I_{\mathrm{C3}} = 3 \ \mathrm{mA}$$

所以

$$R_{\mathrm{C3}} = \frac{7.4 - 2 \times 0.7}{3} = \frac{6}{3} = 2 \ \mathrm{k}\Omega$$

（4）即求硅二极管稳压电路的限流电阻 R，可以通过以下运算过程确定 R 的范围。此题只要求通过稳压管的电流应大于 10 mA 来确定 R。即要求流过 V_{Dz} 的电流最小时也大于 10 mA 即可。

$$I_{\mathrm{zmin}} = \frac{U_{\mathrm{O}} - U_{\mathrm{z}}}{R} - \left(I_{R_{\mathrm{C3}}} - \frac{I_{\mathrm{Lmax}}}{\beta_1 \beta_2} \right) \geqslant 10 \ \mathrm{mA}$$

即

$$\frac{15 - 5.3}{R} - \left(3 - \frac{1000}{1000} \right) \geqslant 10 \ \mathrm{mA}$$

$$R \leqslant \frac{9.7}{12} = 808 \ \Omega$$

附录　模拟电子技术考题

考　题　（一）

一、单项选择题（每小题 2 分，共 30 分）

1. PN 结加正向电压时其结电容关系是_____。

① 扩散电容＞势垒电容　　　　　② 扩散电容＜势垒电容

③ 扩散电容＝势垒电容　　　　　④ 无法确定

2. 二极管电路如附图 1 所示，则二极管的导通关系是
_____。

① V_{D1}、V_{D2} 均导通

② V_{D1} 导通，V_{D2} 截止

③ V_{D1} 截止，V_{D2} 导通

④ V_{D1}、V_{D2} 均截止

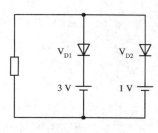

附图 1

3. 放大电路中三极管的三个电极电位为 $U_x = -8$ V，
$U_y = -7.3$ V，$U_z = 0$ V，则 e、b、c 三极为_____。

① $x-c$ 极　　$y-b$ 极　　$z-e$ 极

② $x-b$ 极　　$y-e$ 极　　$z-c$ 极

③ $x-e$ 极　　$y-b$ 极　　$z-c$ 极

④ $x-c$ 极　　$y-e$ 极　　$z-b$ 极

4. 放大管三个极电流中测得两个电流如附图 2 所示，则该管
为_____。

① PNP 管，$\beta = 60$

② NPN 管，$\beta = 60$

③ PNP 管，$\beta = 59$

④ NPN 管，$\beta = 59$

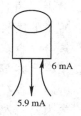

6 mA

5.9 mA

附图 2

5. 场效应管输出特性如附图 3 所示，则该管为_____。

① N 沟结型 $I_{DSS} = 2$ mA，$U_p = -5$ V

② N 沟结型 $I_{DSS} = 3$ mA，$U_p = -4$ V

③ N 沟耗尽型 $I_{DSS} = 3$ mA，$U_p = -4$ V

④ N 沟增强型 $I_{DSS} = 3$ mA，$U_p = -4$ V

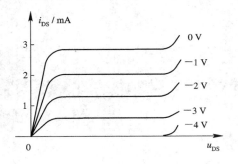

附图 3

6. 放大电路及图解法确定 Q 点如附图 4 所示，为使 Q 点由 $Q_1 \rightarrow Q_2$，可以_____。

① $R_b \uparrow$，$R_c \uparrow$ ② $R_b \uparrow$，$R_c \downarrow$

③ $R_b \downarrow$，$R_c \uparrow$ ④ $R_b \downarrow$，$R_c \downarrow$

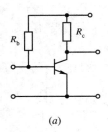 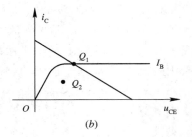

(a)   (b)

附图 4

7. 放大电路如附图 5 所示，由输出波形可判断该放大器_____。

① 产生线性失真

② 产生截止失真

③ 产生饱和失真

④ 产生交越失真

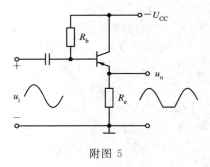

附图 5

8. 放大器的上限频率 f_h 主要是由_____。

① 管子的极间电容决定的

② 耦合电容 C_1 决定的

③ 耦合电容 C_2 决定的

④ 旁路电容 C_e 决定的

9. 放大器引入串联电压负反馈可以_____。

① 稳定输入电压   ② 降低输入电阻

③ 降低输出电阻   ④ 稳定电流放大倍数

10. 放大器 $A_u = 100$，输入电阻为 10 kΩ，当引入反馈系数为 $F_u = 0.09$ 的串联电压负反馈后，电压放大倍数和输入电阻为_____。

① $A_{uf} = 9$，$r_{if} = 100$ kΩ   ② $A_{uf} = 10$，$r_{if} = 100$ kΩ

③ $A_{uf} = 10$，$r_{if} = 90$ kΩ   ④ $A_{uf} = 9$，$r_{if} = 90$ kΩ

11. 放大器引入并联电压负反馈后可以稳定_____。

① 电压放大倍数　　　　② 互阻放大倍数

③ 互导放大倍数　　　　④ 电流放大倍数

12. 差动放大器如附图 6 所示，则其电压放大倍数

为_____。

① $A_{ud} = -\dfrac{\beta(R_c /\!/ R_L)}{r_{he} + R_W}$

② $A_{ud} = -\dfrac{1}{2}\dfrac{\beta(R_c /\!/ R_L)}{r_{he} + (1+\beta)\dfrac{R_W}{2}}$

③ $A_{ud} = \dfrac{1}{2}\dfrac{\beta(R_c /\!/ R_L)}{r_{he} + (1+\beta)\dfrac{R_W}{2}}$

④ $A_{ud} = -\dfrac{\beta\left(R_c /\!/ \dfrac{1}{2}R_L\right)}{r_{he} + (1+\beta)\dfrac{R_W}{2}}$

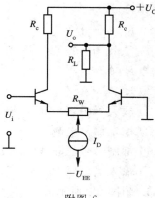

附图 6

13. 有源滤波器如附图 7 所示，该电路

_____。

① 低通滤波 $f_o = \dfrac{1}{2\pi RC}$，$A_{uf} = -\dfrac{R_f}{R}$

② 低通滤波 $f_o = \dfrac{1}{2\pi R_f C}$，$A_{uf} = -\dfrac{R_f}{R}$

③ 高通滤波 $f_o = \dfrac{1}{2\pi RC}$，$A_{uf} = -\dfrac{R_f}{R}$

④ 高通滤波 $f_o = \dfrac{1}{2\pi R_f C}$，$A_{uf} = -\dfrac{R_f}{R}$

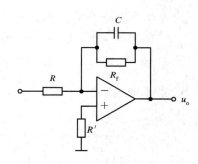

附图 7

14. 功放电路如附图 8 所示，其三极管 V_3 的作用是_____。

① 稳定 Q 点　　　　② 提高输入电阻

③ 消除交越失真　　　④ 提高电压放大倍数

15. 整流电路如附图 9 所示，$U_o = 24$ V，R_L 开路后 U_o 为_____。

① 18 V　　　② 20 V　　　③ 24 V　　　④ 28 V

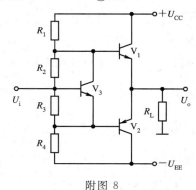

附图 8

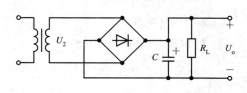

附图 9

二、多项选择题（每题 2 分，共 10 分）

1. 放大器电路如附图 10 所示，元件参数变化对放大器性能的影响为_____。

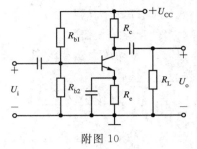

附图 10

① $R_{b1} \downarrow \rightarrow A_u \uparrow$

② $R_{b2} \downarrow \rightarrow r_i \uparrow$

③ C_e 断开$\rightarrow Q$ 点下降

④ $R_C \uparrow \rightarrow r_o \uparrow$

⑤ $R_L \uparrow \rightarrow A_u \uparrow$

2. 放大器引入串联电流负反馈后对放大器性能的影响是_____。

① 稳定输出电流　　　　　② 稳定互导放大倍数

③ 抑制信号的非线性失真　④ 抑制放大器的噪声

⑤ 输入电阻增大

3. 附图 11 所示放大器引入的级间负反馈对放大器性能的改善有_____。

① 稳定 Q 点　　　　　　② 电压放大倍数下降

③ 频带展宽　　　　　　　④ 要求信号源内阻大

⑤ 抑制放大器的非线性失真

4. 差动放大电路如附图 12 所示，元件参数变化对放大器性能的影响有_____。

① $A_{ud} = \dfrac{\beta(R_C /\!/ R_L)}{r_{be}} \cdot \dfrac{1}{2}$　② $R_2 \uparrow \rightarrow A_{ud} \uparrow$　③ $R_1 \uparrow \rightarrow r_{id} \uparrow$

④ $R_L \uparrow \rightarrow r_{od} \uparrow$　　　　　⑤ $R_3 \downarrow \rightarrow A_{ud} \uparrow$

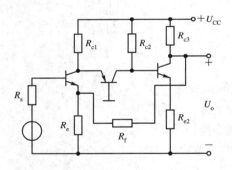

附图 11

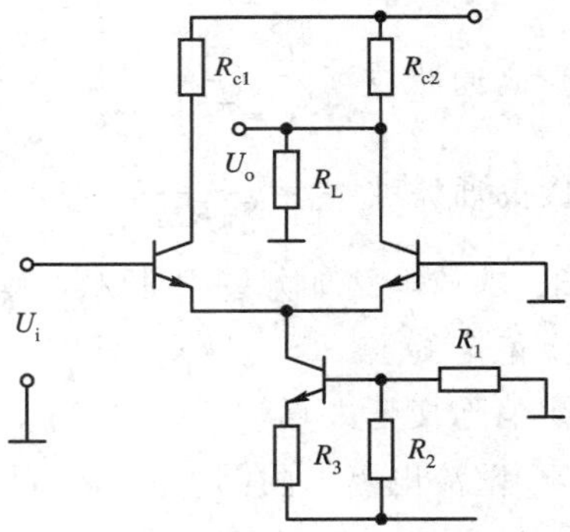

附图 12

5. 集成运放应用电路中具有虚地的电路有_____。

① 反相比例放大电路　　② 同相比例放大电路　　③ 反相求和电路

④ 反相积分电路　　　　⑤ 反相电压比较器

三、计算题（共 60 分）

1.（10 分）放大电路如附图 13 所示。已知 $\beta=100$，$r_{he}=2\ \text{k}\Omega$，$U_{BE}=0.7\ \text{V}$。

① 计算 Q 点 I_{CQ}，U_{CEQ}；　　　　　② 计算 $A_u = \dfrac{U_o}{U_i}$；

③ 计算 r_i 和 r_o；　　　　　　　　　④ 增大 R_{b2} 首先出现何种失真？

2.（8分）多级放大器如附图 14 所示，管子参数及元件值均已知，各电容对交流短路。

① 求 $A_u = \dfrac{U_o}{U_i}$（写出表达式）。

② 写出 r_i、r_o 的表达式。

③ 为稳定输出电流，应引入何种极间反馈？

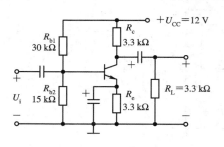

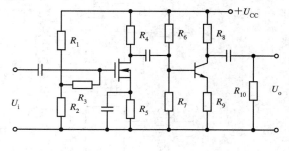

附图 13　　　　　　　　　　　　　　　　　　　　　　　　附图 14

3.（10分）放大电路如附图 15 所示。

① 判断分别从 U_{o1} 和 U_{o2} 输出时，电路的反馈组态。

② 估算从 U_{o2} 输出时，放大器的电压放大倍数 $A_{uf} = U_{o2}/U_{o1}$

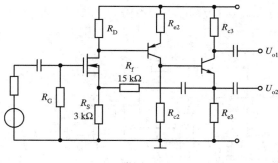

附图 15

4.（10分）理想运放如附图 16 所示。

① 写出 u_{o1} 的表达式。

② $t=0$ 时 $u_c=0$ V，$u_o=12$ V，$u_1=-10$ V，$u_2=0$ V。求经过多长时间 u_o 跳变到 -12 V。

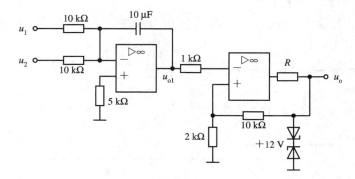

附图 16

③ 从 u_o 跳变到 -12 V 的时刻算起，$u_1 = -10$ V，$u_2 = 15$ V，再经过多长时间，u_o 又跳变回 -12 V？

5.（8分）理想运放电路如附图 17 所示，写出 u_{o1}、u_{o2}、u_{o3}、u_{o4} 与 u_1、u_2 的关系式。

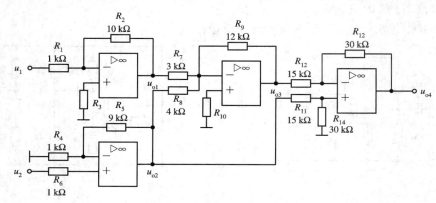

附图 17

6.（8分）放大器电路如附图 18 所示。

① 求 u_{o1} 的角频率 ω_0。

② 为稳定 u_{o1} 输出幅度，R_t 应选温度系数是正还是负？

③ 设 V_1、V_2 管的 $U_{CES} = 2$ V，求最大输出功率。

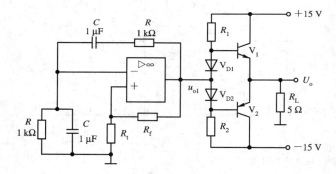

附图 18

7.（6分）稳压电源如附图 19 所示。

① 求出 U_O 的调节范围；

② 为保证三端稳压电源 $U_{12} \geqslant 3$ V，则变压器次级绕组电压的有效值 U_2 应多大？

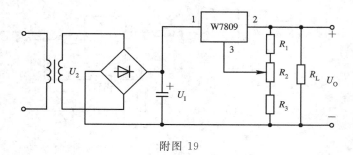

附图 19

考　题　（二）

一、填空题（每空 1 分，共 30 分）

1. 向本征半导体中掺入_____价元素，将生成 N 型半导体。其中，_____为少数载流子，主要是由_____产生的。

2. PN 结未加外部电压时，扩散电流等于漂移电流；PN 结加反向电压时，扩散电流_____漂移电流，其耗尽层_____，_____电容增大。

3. 处于放大状态的某三极管，三个电极的电位分别为：$U_1 = 6.4$ V、$U_2 = 14.3$ V 和 $U_3 = 15$ V。则该管是 NPN 型还是 PNP 型？答：是_____，是硅管还是锗管？答：是_____，其集电极电位等于_____，发射极电位等于_____。

4. _____耦合多级放大电路的各级 Q 点互相影响，_____耦合多级放大电路的温度漂移小。

5. 三极管放大电路低频时放大倍数下降，主要是因为_____电容的影响；放大倍数的幅值约下降为中频时的_____时所对应的输入信号的频率称为下限截止频率 f_L。

6. N 沟道结型场效应管是一种_____型场效应管（耗尽型、增强型），其正常的工作状态可分为_____区、恒流区和_____区三个工作区。

7. 某传感器产生的是电压信号（几乎不能提供电流），经放大后要求输出的电压与信号电压成正比，该放大电路应该引入_____负反馈。并联电压负反馈放大电路反馈系数 F 的单位为_____。

8. 大小相等、方向相反的一对信号称为_____模信号；差动放大器的两个输入电压分别为 50 mV 和 30 mV，则其共模输入电压为_____ mV，差模输入电压为_____ mV。

9. 已知某电路输入电压和输出电压的波形如附图 20 所示，该电路可能是_____运算电路。

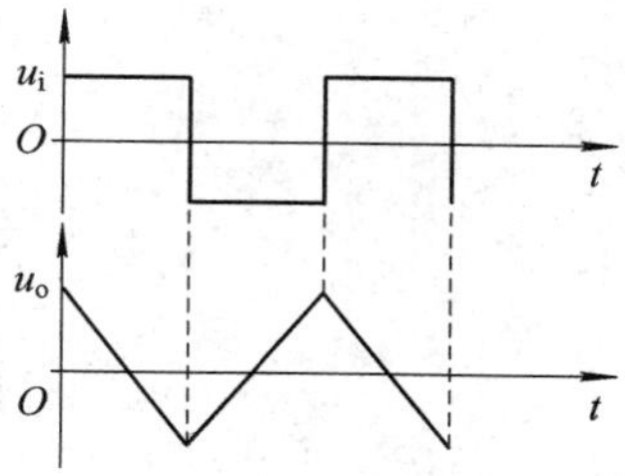

10. 运算放大器工作在线性区的条件是_____；工作在非线性区的条件是_____；过零比较器的阈值电压为_____。

附图 20

11. 如附图 21 电路为一简单电压比较器，其传输特性为_____。

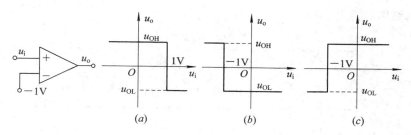

(a)　　　　　　　　(b)　　　　　　　　(c)

附图 21

12. 甲类、乙类和甲乙类功放，线性失真最小的是_____类功放，效率最高的是_____类功放；乙类互补对称 OCL 功放在输入电压较小时，三极管截止导致输出电压等于零而产生的非线性失真称为_____。

二、简答题（每题 5 分，共 25 分）

1. 放大电路如附图 22(a) 所示，特性曲线如附图 22(b) 所示，试说明静态工作点由 Q_1 变成 Q_2，由 Q_2 变成 Q_3 的原因。（电路参数如何变化？）

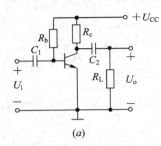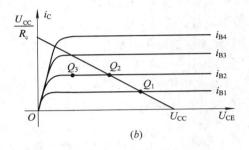

附图 22

2. 某放大器的 $A_u = 1000$，$r_i = 10\ \text{k}\Omega$，$r_o = 10\ \text{k}\Omega$，在该电路中引入串联电压负反馈后，当开环放大倍数变化 $\pm 10\%$ 时，闭环放大倍数变化不超过 $\pm 1\%$，求 F_u，A_{uf}，r_{if}，r_{of}。

3. 在附图 23 所示电路中，已知差模增益为 40 dB，共模抑制比为 60 dB，$U_{i1} = 5\ \text{V}$，$U_{i2} = 5.03\ \text{V}$，试求输出电压 U_o。

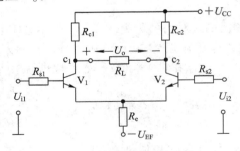

长尾式差动放大电路

附图 23

4. 设附图 24 中的元件都具有理想特性，U_i 的有效值为 10 V。求 W7809 自身消耗的功率及该电路输出的稳定电压 U_o。

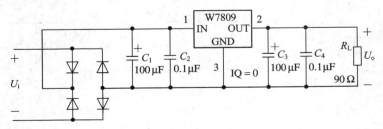

附图 24

5. 附图 25(a)所示电路中，设集成运放的饱和输出电压为 ± 12 V，各稳压二极管的稳压值 $U_z = 6$ V，正向导通电压 $U_D = 0.7$ V。

(1) 求图(a)中电压比较器的阈值，在图(b)中画出比较器的传输特性。

(2) 若 u_i 的波形如图(c)上部所示，画出输出电压 u_o 的波形。

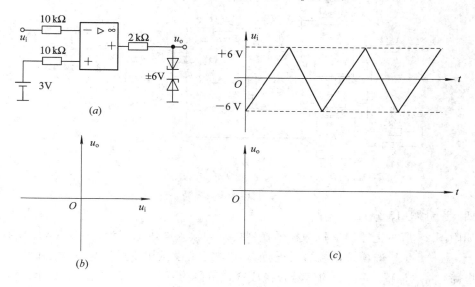

附图 25

三、分析题（第 1 题 20 分、第 2 题 12 分，共 32 分）

1. 三极管放大电路如附图 26(a)所示，$U_{BE} = 0.7$ V，$r_{be} = 0.8$ kΩ，$\beta = 40$，$U_{CC} = 12$ V，各电容足够大，要求：

(1) 画出直流通路，并计算静态工作点。（5 分）

(2) 画出交流通路、微变等效电路。（5 分）

(3) 计算电压放大倍数 $A_u = \dfrac{U_o}{U_i}$，输入电阻 r_i、输出电阻 r_o。（6 分）

(4) 若输出电压 U_o 的波形出现图(b)所示的失真，为消除失真应该改变哪个电路参数？如何调整？（4 分）

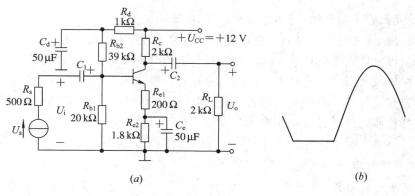

附图 26

2. 理想运放电路如附图 27 所示。

(1) 请说明 A1、A2、A3、A4 运放分别构成什么类型的电路。（4 分）

(2) 写出 u_{o1}、u_{o2}、u_{o3}、u_{o4} 与 u_1、u_2 的关系式。（8 分）

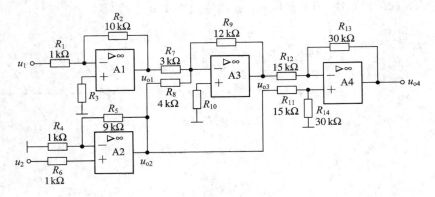

附图 27

四、设计题（13 分）

如附图 28 所示电路，A/D 数模转换器要求的输入电压范围为 $0\sim+5$ V，现有变化范围为 -5 V $\sim+5$ V 的模拟信号需要进行 A/D 数字化。试用集成运算放大器设计一个电平变换电路，将 -5 V $\sim+5$ V 的信号转换成变化范围为 $0\sim+5$ V 的信号。（10 分）

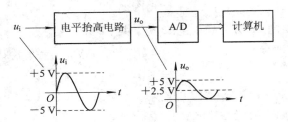

附图 28

考　题　（三）

一、简要回答下列各题（每小题 3 分，共 18 分）

1. PN 结的主要特性有哪些？稳压管是利用 PN 结的哪种特性？

2. 共射极、共基极和共集电极放大器的主要特点有哪些？

3. 在多级放大器中，级间耦合有哪几种方式？各有什么特点？

4. "理想"运算放大器的开环增益、共模拟制比、输出阻抗和带宽各是多少？

5. 线性稳压电源和开关稳压电源各有什么优缺点？

6. 结型、增强型和耗尽型场效应管器件的主要区别有哪些？

二、按要求计算下列各题（6 题共 58 分）

1. 某放大电路如附图 29 所示。已知硅三极管 $\beta=50$，电路其它参数见图中所示。

(1) 指出 R_4 的作用是什么；

（2）求电路直流工作点。

（3）如果 $\beta = 60$，Q 点将如何变化？

（4）画出直流、交流通路图及微变等效电路图。

（5）求电压放大倍数（A_u）。

（6）写出 R_i 与 R_o 的表达式。

（该小题共 14 分）

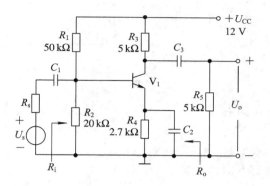

附图 29

2．某放大电路如附图 30 所示（部分元件参数：$U_{CC} = 24$ V，$R_4 = 100$ Ω，$R_8 = 3$ kΩ，$C_5 = 10$ μF）。

（1）试分析该放大器的反馈情况（写出分析步骤）；

（2）如果为深负反馈，试估算电压放大倍数（写出表达式及计算数值）；

（3）该放大器采用何种级间耦合？

（4）如果将 C_3 去掉，R_7 能起什么作用？

（该小题共 11 分）

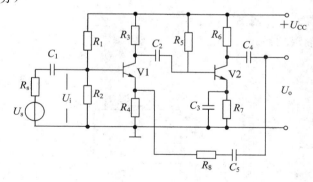

附图 30

3．某场效应管放大电路如附图 31 所示，设 V1 的跨导为 g_m。

（1）指出 R_3 的作用是什么？

（2）V1 是什么场效应管？

（3）画出直流、交流通路图及等效电路图。

（4）写出 R_i 的表达式并计算输入阻抗。

（该小题共 10 分）

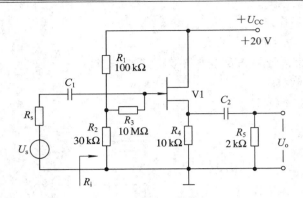

附图 31

4. 某运算放大器电路如附图 32 所示。其中 U_i 为 1 V, R_1 为 1 kΩ, R_2 为 10 kΩ 可调电位器。

(1) 当 R_2 调于最顶端 a 时,计算 U_o 的值;

(2) 当 R_2 调于最底端 b 时,计算 U_o 的值;

(3) 当 R_2 调于中间位置时,计算 U_o 的值。

(该小题共 9 分)

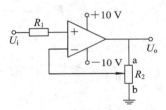

附图 32

5. 某运算放大器电路如附图 33 所示。

(1) 写出 U_o 的输出关系式;

(2) 当 $U_1 = +1$ V、$U_2 = +2$ V 时,$U_o = ?$

(该小题共 8 分)

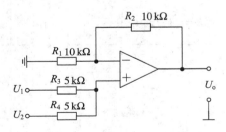

附图 33

6. 某运算放大电路如附图 34 所示。其中 U_i 为 2 V, R_1 为 1~5 Ω 可调, R_2 为 1 kΩ。

(1) 求 U_o 的开路电压;

(2) 估算 I_{x1} 与 I_{x2} 的值。

(该小题共 6 分)

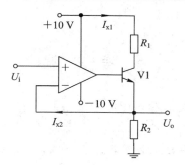

附图 34

三、分析题（本题共 12 分）

附图 35 是标准的 OCL 功率放大原理电路。当 u_i 输入足够大的电压信号（正弦波）时，

（1）试画出 u_i 对应 i_{C1}、i_{C2} 及 i_L 的波形图。

（2）指出 V1 与 V2 各自工作在什么状态。

（3）该电路容易出现何种失真？

（4）若 U_i 的幅度为 5 V，R_L 为 8 Ω，求负载上的最大功率 $P_{max}=$？

（5）如果要增大输出功率，应如何改动？

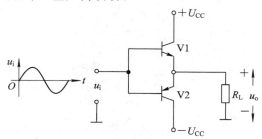

附图 35

四、按要求设计电路（3 小题，共 12 分）

1. 用 7805 集成稳压器设计一个输出电压为 +5～+12 V，电流小于 1 A 的直流可调稳压电源（220V AC 输入）。

2. 用一个运放器件设计 $U_o = 11U_i$ 的放大电路。

3. 用一个运放器件设计一个 $U_o = -U_i$，输入阻抗大于 100 kΩ 的放大电路。

参 考 文 献

[1]　江晓安，付少峰编著．模拟电子技术．第四版．西安：西安电子科技大学出版社，2001

[2]　高等学校工科电子技术基础课教学指导小组编，童诗白，何金茂主编．电子技术基础试题汇编．北京：高等教育出版社，1991